深度学习

基于Keras的Python实践

魏贞原 著

電子工業出版社
Publishing House of Electronics Industry
北京•BEIJING

内 容 简 介

本书系统讲解了深度学习的基本知识，以及使用深度学习解决实际问题，详细介绍了如何构建及优化模型，并针对不同的问题给出不同的解决方案，通过不同的例子展示了在具体项目中的应用和实践经验，是一本非常好的深度学习的入门和实践书籍。

本书以实践为导向，使用 Keras 作为编程框架，强调简单、快速地上手建立模型，解决实际项目问题。读者可以通过学习本书，迅速上手实践深度学习，并利用深度学习解决实际问题。

本书非常适合于项目经理，有意从事机器学习开发的程序员，以及高校在读相关专业的学生。

图书在版编目（CIP）数据

深度学习：基于 Keras 的 Python 实践 / 魏贞原著. —北京：电子工业出版社，2018.5

ISBN 978-7-121-34147-2

Ⅰ. ①深… Ⅱ. ①魏… Ⅲ. ①学习系统－软件工具－程序设计 Ⅳ. ①TP273

中国版本图书馆 CIP 数据核字（2018）第 088226 号

策划编辑：石　倩
责任编辑：牛　勇　　　　特约编辑：赵树刚
印　　刷：北京盛通商印快线网络科技有限公司
装　　订：北京盛通商印快线网络科技有限公司
出版发行：电子工业出版社
　　　　　北京市海淀区万寿路 173 信箱　　邮编：100036
开　　本：787×980　1/16　印张：15.25　字数：268.4 千字
版　　次：2018 年 5 月第 1 版
印　　次：2023 年 1 月第 10 次印刷
定　　价：59.00 元

凡所购买电子工业出版社图书有缺损问题，请向购买书店调换。若书店售缺，请与本社发行部联系，联系及邮购电话：（010）88254888，88258888。

质量投诉请发邮件至 zlts@phei.com.cn，盗版侵权举报请发邮件到 dbqq@phei.com.cn。

本书咨询联系方式：010-51260888-819，faq@phei.com.cn。

序言

2017 年 12 月底的上海湿冷依旧，收到贞原《深度学习：基于 Keras 的 Python 实践》的初稿，心里升起一股暖意。人工智能（AI）在 2017 年可谓家喻户晓，智能医疗、智能金融及无人驾驶变得不再遥远，而其背后的深度学习尤为功不可没，机器学习（ML）是一种实现人工智能的方法，深度学习（DL）则是一种实现机器学习的技术。

国务院于 2017 年 7 月出台了《新一代人工智能发展规划》，首次从国家战略的角度阐述对人工智能在产业、技术应用层面的发展展望，并提出了明确的时间表和线路图，规划提到：

- 前瞻布局新一代人工智能重大科技项目。
- 到 2030 年，中国人工智能产业竞争力达到国际领先水平。
- 人工智能核心产业规模超过 1 万亿元，带动相关产业规模超过 10 万亿元。

作为相关领域的从业者，深感任重道远，作为国家未来的发展方向，AI 技术对于经济发展、产业转型和科技进步起着至关重要的作用，这里就不得不提“事情很多，人不够用了”，准确来讲应该是人工智能领域方面的专才不够用，据相关部门 2017 年的统计，此缺口应该在百万级以上。

配合国家发展战略，个别省份已经陆续将人工智能相关学习纳入中小学教育，而提到机器学习、深度学习，又不得不提 Python，希望读者可以借鉴贞原的这本书为自己在人工智能的相关职业发展上打开一扇新的大门。

汤志阳（汤米）
IBM 中国 副合伙人
IBM 客户创新中心 认知及数据团队负责人

轻松注册成为博文视点社区用户（www.broadview.com.cn），扫码直达本书页面。

- **下载资源**：本书如提供示例代码及资源文件，均可在 下载资源 处下载。
- **提交勘误**：您对书中内容的修改意见可在 提交勘误 处提交，若被采纳，将获赠博文视点社区积分（在您购买电子书时，积分可用来抵扣相应金额）。
- **交流互动**：在页面下方 读者评论 处留下您的疑问或观点，与我们和其他读者一同学习交流。

页面入口：*http://www.broadview.com.cn/34147*

前言

深度学习是目前人工智能领域中炙手可热的一种机器学习技术。所谓人工智能是指通过机器模拟人类所特有的“看，听，说，想，学”等智能的科学技术。关于人工智能的研究起源于 1956 年，在美国的达特茅斯学院，著名的计算机科学家约翰·麦卡锡，及克劳德·艾尔伍德·香农等众多的科学家，齐聚一堂，各抒已见，共同探讨如何开发“智能机器”，在这次会议中提出了人工智能的概念，这也标志着人工智能的诞生。从人工智能的诞生，到深度学习的火热，人工智能也跌宕起伏经历了几个阶段，深度学习的发展一定会给产业和社会带来翻天覆地的变化。

人工智能的首次热潮是，1957 年美国心理学家弗兰克·罗森布莱特在参照人脑的神经回路的基础上构建了最原始的信息处理系统，这一系统被称为神经网络。罗森布莱特将自己开发的神经网络系统命名为“感知器”。感知器实现了初级模型的识别功能，如区分三角形和四边形，并将其分类。然而，神经网络的研究很快遇到了瓶颈，美国 AI 科学家马文·李·明斯基运用数学理论证明了“感知器甚至不能理解异或运算”。这一发现使神经网络的研究热潮迅速冷却。

20 世纪 60～70 年代，研究员投身于“符号处理型 AI”的研究，又称“规则库 AI”。“规则库 AI”是直接模拟人类智能行为的一种研究。20 世纪 80 年代前半期，全世界范围内投入了大量的资金用于“规则库 AI”的研究，所开发的系统称为专家系统。然而，因为现实生活的时间充斥着大量的例外和各种细微的差距，最终几乎没有一个专家系统能够物尽其用。从 20 世纪 80 年代末期开始，AI 研发进入一段很长时间的低迷期，被称为“AI 的冬天”。

在 AI 黯然退场的这段时间里，一种全新理念的 AI 研究悄然萌芽，这就是将“统计与概率推理理论”引入 AI 系统。在这种全新的 AI 理念中，不得不提贝叶斯定理，这是用来描述两种概率之间转换关系的一则定理。1990 年之后，全球的 Internet 有了发展，大量的数据被收集，这让概率式 AI 的发展如虎添翼。另外，概率式 AI 也存在问题和局限性，首先，概率式 AI 不能真正地理解事物。其次，概率式 AI 的性能有限。

为了解决概率式 AI 的问题与局限，新一代的 AI 技术走入了人们的视野，这就是“深度神经网络”，又叫作“深度学习”，原本衰退的神经网络技术浴火重生。早期的神经网络的感知器只有两层，即信息的输入层和输出层。而现在的神经网络则是多层结构，在输入层和输出层之间还存在多层重叠的隐藏层。

目前，深度学习被广泛地应用在图像识别、自然语言处理、自动驾驶等领域，并取得了很高的成就。同时，随着物联网技术的发展，大量的数据被收集，为深度学习提供了丰富的数据，对深度学习模型的建立提供了数据基础。有了充分的数据做基础，利用深度学习技术就能演绎出更聪明的算法。在这一次 AI 技术的浪潮中，大量的数据为深度学习提供了材料，使深度学习得以迅速发展。对深度学习的掌握也是每一个 AI 开发者必需的技能。希望本书能为读者开启通往深度学习的大门。

目录

第一部分　初识

第二部分 多层感知器

第三部分　卷积神经网络

第四部分 循环神经网络

第一部分 初识

机器学习是目前应用非常广泛的领域之一，随着物联网的发展，大量的数据被收集起来，为机器学习的发展提供了充足的材料和动力。深度学习需要大量的数据做支持，随着数据的爆炸，它也变得异常火热。

1 初识深度学习

欢迎阅读《深度学习：基于 Keras 的 Python 实践》这本书。这本书主要介绍在 Python 中对深度学习的实践，并介绍如何使用 Keras 在 Python 中生成和评估深度学习的模型，还会介绍深度学习的相关知识、技巧和使用方法，并可以将这些知识、技巧和使用方法应用到深度学习的项目中。

深度学习涉及很多非常复杂的数学原理，但是不需要掌握这些复杂的数学原理，只需要理解并将其当作工具来使用，并将其应用在项目中，实现真正的价值。从应用的角度来说，深度学习是一个可以快速进入，并能带来高价值的技术。

1.1 Python 的深度学习

本书将介绍一种与传统方式不同的学习深度学习的方式，深度学习与机器学习一样，也是一门实践科学，因此本书将通过实践的方式学习深度学习。当你发现自己真的喜欢使用深度学习这种方式解决问题后，为了更好地理解深度学习，可以一步一步更加深入地学习深度学习的背景和理论知识。通过这种方式，可以开发出更好、更有价值的模型。

目前有许多深度学习的平台和类库，本书选择使用 Python 中的 Keras 来介绍深度学习。与 R 语言（R 语言是目前热门的机器学习开发语言之一）不同的是，Python 是一种可以在模型开发和实际生产环境上使用的语言。与 Java 相比，Python 具有 SciPy 等可以用于科学计算的类库和 Scikit-learn 等专业的机器学习类库。

在 Python 中有多种非常流行的用来建立深度学习模型的平台，如起源于 Google 的 TensorFlow 和由微软开源的 CNTK。并且 Keras 提供了非常简洁和易于使用的基于这两个平台的 API，用来开发深度学习模型。

在本书中将会介绍，如何通过 Keras 来创建模型，并将其导入实际的项目应用中，这将是一个非常有趣的过程。

1.2 软件环境和基本要求

1.2.1 Python 和 SciPy

虽然不要求每个人都成为一个 Python 专家，但是如果对 Python 比较熟悉，就可以方便地安装 Python 和 SciPy。本书中的所有例子都是基于 Python 和 SciPy 的环境的。本书中的所有代码都基于 Python3.6.1，并安装了这些类库：SciPy、NumPy、Matplotlib、Pandas、Scikit-Learn。对于这些类库的安装及介绍请参阅官方网站的介绍。此外，后续还会介绍如何安装深度学习相关的类库：TensorFlow、CNTK 和 Keras。

1.2.2 机器学习

关于深度学习的学习，不需要你成为一个机器学习的专家，不过具有机器学习的知识将会对深度学习的学习有很大的帮助，例如通过 Scikit-Learn 来实现交叉验证等。虽然机器学习的技能不是必需的，并且随着对本书的学习，对这方面的知识也会加深理解，但是具有这方面的知识会让学习的过程更加简单。对机器学习感兴趣的读者也可以阅读笔者的另一本书：《机器学习——Python 实践》，来增加对机器学习的理解，以及掌握如何使用 Scikit-Learn 来实践机器学习。

1.2.3 深度学习

虽然在深度学习的实践中不需要掌握算法的原理和数学基础，但是具备这方面的知识，能够加快对算法的理解。本书会对神经网络的概念和模型做基础介绍，但不会介绍算法的原理和数学基础。

提示：本书中的所有示例都是基于 CPU 的工作站完成的，没有使用 GPU。在本书的后面章节会介绍一种基于云计算的方式，来实现基于 GPU 的深度学习，不需要为深度学习而配置价格昂贵的 GPU。

1.3 阅读本书的收获

本书是一本写给 Python 程序员的深度学习的书籍，通过学习本书，可以从对深度学习感兴趣，到掌握 Python 中深度学习的资源，并能够在项目中实践深度学习。完成本书的学习将会掌握：

- 如何构建和评估一个神经网络模型。
- 如何使用更加先进的技术构建一个深度学习的模型。
- 如何构建一个图像或文本相关的模型。
- 如何改善模型的性能。

1.4 本书说明

这不是一本深度学习的教科书，因此不会对神经网络等深度学习的算法原理进行讲解，需要读者对算法原理有一定的理解，或者自行掌握这些算法的基本概念。

这不是一本算法的教科书，不会详细讲解深度学习的算法如何实现和运行，需要读者自行掌握这些算法的实现和运行原理。

这不是一本关于 Python 的语法书，不会花费大量的篇幅来讲解 Python 的语法。在这里假设读者是一个经验丰富的开发人员，能够快速掌握一门类似于 C 语言的开发语言。

即使读者不满足以上要求，依然可以很方便地学习本书的内容，并将学到的内容应用到项目实践中。随着实践的增加，学到的知识会越来越全面。

1.5 本书中的代码

本书中的所有源代码都发布在 GitHub 上，读者可以到 GitHub 上下载。下载地址：https://github.com/weizy1981/deeplearning。

2 深度学习生态圈

随着 Python 在机器学习方面的广泛应用，在深度学习领域，Python 的应用也越来越广泛。本章主要介绍 Python 在深度学习领域的三个主要类库：

- CNTK。
- TensorFlow。
- Keras。

2.1 CNTK

CNTK 是微软出品的一个开源的深度学习学习工具包，可以运行在 CPU 上，也可以运行在 GPU 上。CNTK 的所有 API 均基于 C++设计，因此在速度和可用性上很好。此外，CNTK 的预测精度很好，提供了很多先进算法的实现，来帮助提高准确度；CNTK 的产品质量很好，目前微软自己的产品 Skype、Xbox 等已经采用 CNTK 作为其 AI 引擎。目前 CNTK 提供了基于 C++、C#和 Python 的接口，非常便于应用。并且，CNTK 在 Azure GPU 平台上也提供了最优化的分布计算性能。官方网站为：https://www.microsoft.com/en-us/cognitive-toolkit/。

2.1.1 安装 CNTK

CNTK 提供了非常完善的多个平台上的安装指南（https://docs.microsoft.com/en-us/cognitive-toolkit/Setup-CNTK-on-your-machine），请阅读合适的安装指南完成安装。CNTK 可以工作在 Python 2 和 Python 3 环境下，本书的代码基于 Python 3 环境进行演示，所以请确保 CNTK 安装在 Python 3 环境下。在这里给出通过 pip 来管理扩展类库的方式来安装 CNTK，命令如下：

```
pip3 install https://cntk.ai/PythonWheel/CPU-Only/cntk-2.2-cp36-cp36m-linux
_x86_64.whl
```

上述操作完成后，安装结果如图 2-1 所示，上述操作仅安装了 CNTK 的 CPU 版本，因此仅适合运行在 CPU 上，执行规模较小的模型运算。如果想进行较大的模型运算，建议运行在 GPU 上，可以参照 CNTK 的安装说明进行安装。CNTK 的安装说明是非常简洁明了的，按照说明可以很方便地将 CNTK 安装到 Windows 和 Linux 系统上（目前 CNTK 没有提供 Mac 版）。

```
root@iZuf60pmkgq6tijpfxum5kZ:~/deeplearning/bin# pip3.6 install https://cntk.ai/
PythonWheel/CPU-Only/cntk-2.2-cp36-cp36m-linux_x86_64.whl
Collecting cntk==2.2 from https://cntk.ai/PythonWheel/CPU-Only/cntk-2.2-cp36-cp3
6m-linux_x86_64.whl
  Downloading https://cntk.ai/PythonWheel/CPU-Only/cntk-2.2-cp36-cp36m-linux_x86
_64.whl (119.8MB)
    100% |████████████████████████████████| 119.8MB 13kB/s
Requirement already satisfied: numpy>=1.11 in /usr/local/lib/python3.6/site-pack
ages (from cntk==2.2)
Requirement already satisfied: scipy>=0.17 in /usr/local/lib/python3.6/site-pack
ages (from cntk==2.2)
Installing collected packages: cntk
Successfully installed cntk-2.2
```

图 2-1

需要注意的是，在 Linux 系统上安装 CNTK 依赖 OpenMPI 1.10.x，在 Ubuntu 16.04 下使用以下命令安装 OpenMPI 依赖包：

```
sudo apt-get install openmpi-bin
```

2.1.2 CNTK 的简单例子

在这里将会通过一个非常简单的 Python 脚本，来演示如何使用 CNTK，初步认识 CNTK。在这个示例中，将会定义两个列表，并利用 CNTK 对这两个列表进行减法运算，代码如下：

```
import cntk

# 声明两个列表
a = [1, 2, 3]
b = [4, 5, 6]

# 使用 CNTK 对列表进行计算
c = cntk.minus(a, b).eval()
print(c)
```

执行上述代码，得到输出为[-3, -3, -3]，这个示例虽然简单，但是很好地演示了 CNTK 强大的向量矩阵运算。

2.2 TensorFlow

TensorFlow 和 CNTK 一样，也是 Python 中一个快速的数值运算类库，由 Google 开发并开源。同样地，TensorFlow 也是深度学习的一个基础类库，可以用于直接创建深度学习的模型，或者使用 TensorFlow 的封装（如 Keras）来实现深度学习的模型。目前，TensorFlow 在 GitHub 上的活跃度非常高，在深度学习领域被广泛采用。

2.2.1 TensorFlow 介绍

TensorFlow 是一个采用数据流图（Data Flow Graphs），用于数值计算的开源软件库。节点（Node）在图中表示数学操作，图中的线（Edge）则表示在节点间相互联系的多维数据数组，即张量（Tensor）。它灵活的架构可以在多种平台上展开计算，例如台式计算机中的一个或多个 CPU（或 GPU）、服务器、移动设备等。TensorFlow 最初是由 Google 大脑小组（隶属于 Google 机器智能研究机构）的研究员和工程师们开发出来的，用于机器学习和深度神经网络方面的研究，这个系统的通用性也使其可广泛用于其他计算领域。

2.2.2 安装 TensorFlow

TensorFlow 的安装与 CNTK 类似，依赖于 SciPy，可以运行在 Python 2.7 和 Python 3.3+上。本书的代码是基于 Python 3 开发的，请确保 TensorFlow 被安装在 Python 3 上。TensorFlow 有不同版本的发布包，如图 2-1 所示。请参照 TensorFlow 的安装指南（https://www.tensorflow.org/get_started/os_setup.html），选择合适的版本进行安装。

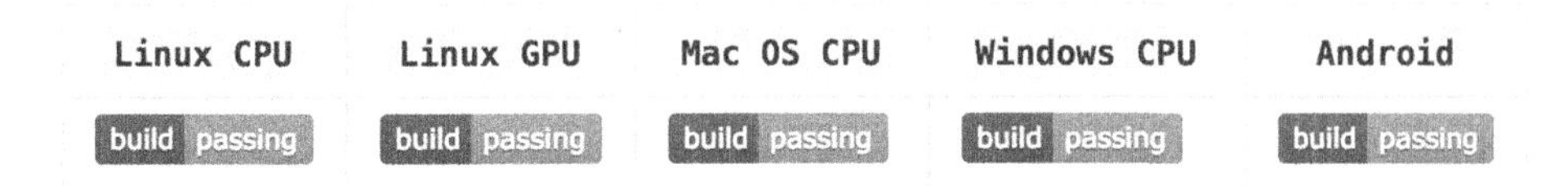

图 2-1

TensorFlow 目前在国内非常流行，社区也比较活跃，有中文社区（http://www.tensorfly.cn/），并具有完善的说明文档。

在这里选择安装 TensorFlow 使用 CPU 运算的安装包，安装命令如下：

```
pip3 install tensorflow
```

2.2.3 TensorFlow 的简单例子

在 TensorFlow 中，数据流图用节点和线的有向图来描述数学计算。

节点一般用来表示施加的数学操作，也可以表示数据输入（Feed In）的起点或输出（Push Out）的终点，或者表示读取/写入持久变量（Persistent Variable）的终点。

线表示节点之间的输入/输出关系。这些数据线可以输送大小可动态调整的多维数据数组，即张量。张量从图中流过的直观图像是这个工具取名 TensorFlow 的原因。一旦输入端的所有张量准备好，节点将被分配到不同的计算设备，异步并行地执行运算。

操作表示一个命名的抽象计算，包括输入和输出。例如：可以定义一个 add 操作或 multiply 操作。

下面通过一段简单的 Python 代码，来演示如何使用 TensorFlow。在这个示例中，将先定义两个浮点数符号变量 a 和 b；然后，在一个符号表达式中使用这两个符号变量进行运算（c=a+b）；最后，编译这个符号表达式为 TensorFlow 的函数，以便进行运算，代码如下：

```
import tensorflow as tf

# 声明两个占位符
a = tf.placeholder(tf.float32)
b = tf.placeholder(tf.float32)
# 定义表达式
add = tf.add(a, b)

# 执行运算
session = tf.Session()
binding = {a : 1.5, b : 2.5}
c = session.run(add, feed_dict=binding)
print(c)
```

执行这个示例，得到输出是 4.0，这与期待结果 1.5+2.5=4.0 一致。这个示例虽然简单，但是很好地演示了 TensorFlow 的符号表达式，展示了深度学习所需要的强大的向量和矩阵运算。

2.3 Keras

CNTK 和 TensorFlow 这两个快速数值计算类库，被广泛应用在深度学习项目的研究与开发当中。这两个类库虽然非常强大，但是在实际应用中直接使用这两个类库是非常困难的。因此，接下来会介绍一个构建在 CNTK 和 TensorFlow 之上的，能够用来快速创建深度学习模型的 Python 类库，这就是 Keras。

2.3.1 Keras 简介

Keras 是一个高层神经网络 API，Keras 完全由 Python 编写而成，使用 TensorFlow、Theano 及 CNTK 作为后端。Keras 是为支持快速实验而生，可以迅速将想法转换为结果。Keras 适用的 Python 版本是：Python 2.7-3.6，并能在 CPU 和 GPU 之间无缝切换。Keras 的设计遵循以下原则：

- 用户友好。Keras 是为快速开发深度学习模型而设计的 API。用户的使用体验始终是 Keras 考虑的首要内容。Keras 遵循减少认知困难的最佳实践，并提供一致而简洁的 API，能够极大地减少一般应用下用户的工作量。同时，Keras 提供清晰和具有实践意义的 Bug 反馈机制。
- 模块性。可将模型理解为一个层的序列或数据的运算图，完全可配置，并可以用最少的代价自由组合在一起。具体而言，网络层、损失函数、优化器、初始化策略、激活函数、正则化方法都是独立的模块，可以使用它们来构建自己的模型。
- 易扩展性。添加新模块超级容易，只需要仿照现有的模块编写新的类或函数即可。创建新模块的便利性使得 Keras 可以方便地应用于研究工作。
- 与 Python 协作。Keras 没有单独的模型配置文件类型（但 Caffe 有），模型由 Python 代码描述，使其更紧凑和易于调试，并提供了扩展的便利性。

2.3.2 Keras 安装

Keras 的安装依赖 SciPy 环境，并且还需要先安装 CNTK 或 TensorFlow 等后端。Keras 的安装可以通过 pip 命令进行。安装命令如下：

```
pip install keras
```

Keras 的当前版本是 v2.0.8，本书中的例子也是基于这个版本开发的。

2.3.3 配置 Keras 的后端

Keras 是一个轻量级的 API，它不提供深度学习所需的数学运算的实现，为有效的数值计算库（称为后端）提供了一致的界面。假设同时安装了 CNTK 和 TensorFlow，可以配置 Keras 使用 CNTK 或 TensorFlow。配置 Keras 后端最简单的方法是在主目录中添加或编辑 Keras 配置文件：

```
~/.keras/keras.json
```

查看配置文件，内容如下：

```
{
    "floatx": "float32",
    "epsilon": 1e-07,
    "backend": "tensorflow",
    "image_data_format": "channels_last"
}
```

Keras 默认使用 TensorFlow，可以直接编辑 Keras 的配置文件，设置其后端使用 CNTK。配置文件被修改后，Keras 会在下次执行时使用新配置文件。此外，可以通过 Python 脚本查看 Keras 使用的后端，代码如下：

```
from keras import backend

print(backend._BACKEND)
```

执行上述代码，会得到以下输出结果：

```
Using TensorFlow backend.
tensorflow
```

2.3.4 使用 Keras 构建深度学习模型

在深度学习的项目中使用 Keras，可以将精力放置在如何构建模型上。序贯模型（Sequential）是多个网络层的线性堆叠，是在深度学习中很常见的一种模型。当创建一个序贯模型时，按照希望执行计算的顺序向其添加图层。一旦完成定义，通过使用底层框架编译模型来优化模型计算。在编译模型时，可以指定要使用的损失函数和优化器来优化模型。

一旦完成模型编译，就可以使用数据集来训练模型。模型训练可以一次使用一批数据（数据量比较大的时候，可以将数据分成几个 Batch，多次循环输入数据，来完成模型训练），也可以通过使用整个数据集来完成模型训练。模型训练就是所有的计算发生的地方。模型训练完成后，可以使用模型对新数据进行预测。通过 Keras 构建深度学习模型的步骤如下：

（1）定义模型——创建一个序贯模型并添加配置层。

（2）编译模型——指定损失函数和优化器，并调用模型的 compile()函数，完成模型编译。

（3）训练模型——通过调用模型的 fit()函数来训练模型。

（4）执行预测——调用模型的 evaluate()或 predict()等函数对新数据进行预测。

2.4 云端 GPUs 计算

大型深度学习模型需要大量的计算时间才能运行。在 CPU 上运行它们，可能需要数十天才能获得结果。如果可以在桌面上访问 GPU，则可以大大加快深度学习模型的训练。接下来将介绍如何使用阿里云的 GPU 云服务来加速大型深度学习模型的训练。阿里云的 GPU 运算有按量和包月包年两种付费方式，最低配置的按量付费为每小时不到 5 元，包月付费每月不到 1300 元，相对便宜很多。购买了 GPU 云服务后，可以在工作站或笔记本电脑上使用这项服务。

在这里需要注意的是，云服务的操作系统要选择带 GPU 驱动的操作系统镜像。通常都会选择 Linux 作为服务器端的操作系统，通过 SSH 来访问和配置。Linux 服务器上 Python 3 及深度学习相关的类库安装不是本书的讨论范围。需要提醒大家的是，TensorFlow 等后端的安装需选择 GPU 版本。

第二部分

多层感知器

多层感知器是最简单的神经网络模型，用于处理机器学习中的分类与回归问题，本书会以多层感知器作为开始来进行神经网络的介绍。

3 第一个多层感知器实例：印第安人糖尿病诊断

Keras 是一个功能强大且易于使用的 Python 库，用于快速开发深度学习模型。它是对数值计算库 CNTK 和 TensorFlow 的有效封装，可以通过简单的几行代码来定义和训练神经网络模型。通过 Keras 可以创建贯序模型和函数模型。本章将使用 Keras 在 Python 中创建第一个神经网络模型，这是一个简单的贯序模型，也是神经网络中最常见的模型。

3.1 概述

这个例子没有很多代码，本章将会一步一步地实现这个例子，以便清晰地展示如何创建一个模型。本章将按照以下步骤创建第一个神经网络模型。

（1）导入数据。

（2）定义模型。

（3）编译模型。

（4）训练模型。

（5）评估模型。

（6）汇总代码。

3.2 Pima Indians 数据集

本章使用 Pima Indians 糖尿病发病情况数据集。这是一个可从 UCI Machine Learning 免费下载的标准机器学习数据集（http://archive.ics.uci.edu/ml/datasets/Pima+Indians+Diabetes）。它描述了 Pima Indians 的患者医疗记录数据，以及他们是否在五年内发生糖尿病。这是一个二元分类问题（糖尿病为 1 或非糖尿病为 0），描述每个患者的输入变量是数值类型，具有不同的尺度。下面列出了数据集的 8 个属性和输出结果。

（1）Number of times pregnant：怀孕次数。

（2）Plasma glucose concentration a 2 hours in an oral glucose tolerance test：2 小时口服葡萄糖耐量试验中血浆葡萄糖浓度。

（3）Diastolic blood pressure (mm Hg)：舒张压。

（4）Triceps skin fold thickness (mm)：三头肌皮褶皱厚度。

（5）2-hour serum insulin (mu U/ml)：2 小时血清胰岛素。

（6）Body mass index (weight in kg/(height in m)^2)：身体质量指数。

（7）Diabetes pedigree function：糖尿病谱系功能。

（8）Age (years)：年龄。

（9）Class variable (0 or 1)：是否是糖尿病。

由于所有属性都是数值的，因此可以直接作为神经网络的输入和输出使用。在第一个神经网络的实例中，将会使用这个数据集。下面是数据集中的数据示例，显示了数据集中 768 条记录中的前 5 行：

```
6,148,72,35,0,33.6,0.627,50,1
1,85,66,29,0,26.6,0.351,31,0
8,183,64,0,0,23.3,0.672,32,1
1,89,66,23,94,28.1,0.167,21,0
0,137,40,35,168,43.1,2.288,33,1
```

利用这个数据集训练的模型来预测糖尿病基线准确率为 65.1%。使用 10 倍交叉验证法时数据集的最高结果在 77.7%的范围内。可以在 UCI Machine Learning Repository 的数据集主页上了解有关数据集的更多信息。

3.3 导入数据

在使用随机过程（如随机数）的机器学习算法时，最好使用固定随机数种子初始化随机数生成器。这样就可以重复地运行相同的代码，并获得相同的结果。可以使用任何种子（如 seed=7）初始化随机数生成器，代码如下：

```
from keras.models import Sequential
from keras.layers import Dense
import numpy as np
# 设定随机数种子
np.random.seed(7)
```

示例中使用 NumPy 的函数 loadtxt()加载 Pima Indians 数据集。Pima Indians 数据集有 8 个输入维度和 1 个输出维度（最后一列）。一旦完成数据加载，可以将数据集拆分为输入变量（x）和输出变量（Y），代码如下：

```
# 导入数据
dataset = np.loadtxt('pima-indians-diabetes.csv', delimiter=',')
# 分割输入变量 x 和输出变量 Y
x = dataset[:, 0 : 8]
Y = dataset[:, 8]
```

我们先使用了初始化随机数种子，确保输出结果的可重复，然后完成了导入数据的操作。接下来就开始构建第一个神经网络模型。

3.4 定义模型

在 Keras 中的模型被定义为层序列。本章创建一个序贯模型，并一次添加一个图层，直到对网络拓扑满意为止。首先要确保输入层具有正确的输入维度，使用 input_dim 参数创建第一层，并将其设置为 8，表示输入层有 8 个输入变量，这与数据的维度一致。

如何设定网络的层数及其类型？这是一个非常困难的问题。寻找最优的网络拓扑结构是一个试错的过程，通过进行一系列的试验，对找到最好的网络结构有非常好的启发作用。一般来说，需要一个足够大的网络来捕获问题的结构。在这个例子中，为了简化这个过程，使用三层完全连接的网络结构。

在 Keras 中，通常使用 Dense 类来定义完全连接的层。可以将层中的神经元数量（unit）指定为第一个参数，初始化方法（init）作为第二个参数，并使用 activation 参数指定激活函数。通常，将网络权重初始化为均匀分布的小随机数（uniform），在这个例子中使用介于 0 和 0.05 之间的随机数，这是 Keras 中的默认均衡权重初始化数值，也可以使用高斯分布产生的小随机数。

使用 ReLU 作为前两层的激活函数，使用 sigmoid 作为输出层的激活函数。通常采用 sigmoid 和 tanh 作为激活函数，这是构建所有层的首选。现在的研究表明，使用 ReLU 作为激活函数，可以得到更好的性能。二分类的输出层通常采用 sigmoid 作为激活函数，因此在这个例子中采用 sigmoid 作为输出层的激活函数。通过 Sequential 的 add()函数将层添加到模型，并组合在一起。在这个例子中，第一个隐藏层有 12 个神经元，使用 8 个输入变量。第二个隐藏层有 8 个神经元，最后输出层有 1 个神经元来预测数据结果（是否患有糖尿病），代码如下：

```
# 创建模型
model = Sequential()
model.add(Dense(12, input_dim=8, activation='relu'))
model.add(Dense(8, activation='relu'))
model.add(Dense(1, activation='sigmoid'))
```

图 3-1 展示了这个网络结构。

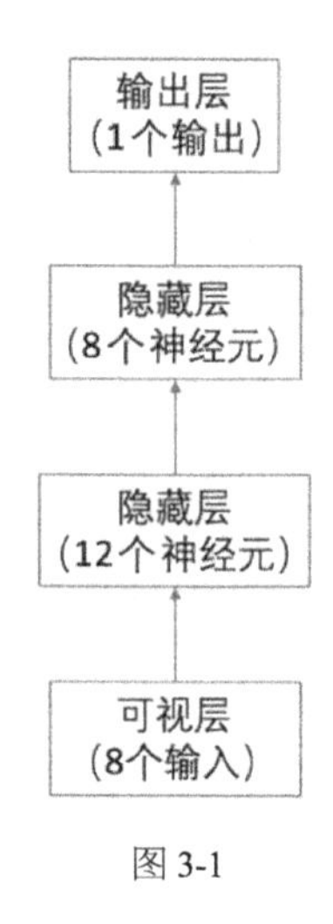

图 3-1

3.5 编译模型

模型定义完成后，需要对模型进行编译，编译模型是为了使模型能够有效地使用 Keras 封装的数值计算。Keras 可以根据后端自动选择最佳方法来训练模型，并运行预测。编译时，必须指定训练模型时所需的一些属性。训练一个神经网络模型，意味着找到最好的权重集来对这个问题做出预测。

在模型编译时，必须指定用于评估一组权重的损失函数（loss）、用于搜索网络不同权重的优化器（optimizer），以及希望在模型训练期间收集和报告的可选指标。在这个例子中使用对数损失函数，作为模型的损失函数。在 Keras 中，对于二进制分类问题的对数损失函数被定义为二进制交叉熵。使用有效的梯度下降算法 Adam 作为优化器，这是一个有效的默认值。而且，由于这是一个分类问题，示例中采用分类准确度作为度量模型的标准，代码如下：

```
# 编译模型
model.compile(loss='binary_crossentropy', optimizer='adam',
metrics=['accuracy'])
```

3.6 训练模型

模型编译完成后，就可以用于计算了。在使用模型预测新数据前，需要先对模型进行训练。训练模型通过调用模型的 fit()函数来实现。

训练过程将采用 epochs 参数，对数据集进行固定次数的迭代，因此必须指定 epochs 参数进行模型训练，还需要设置在执行神经网络中的权重更新的每个批次中所用实例的个数（batch_size）。在这个示例中，将运行一个较小的 epochs 参数 150，并使用相对较小的 batch_size 参数 10。再次提醒大家，这些参数可以通过试验和错误实验来选择合适的值，代码如下：

```
# 训练模型
model.fit(x=x, y=Y, epochs=150, batch_size=10)
```

3.7 评估模型

我们已经在整个数据集上训练了神经网络模型，为了简化第一个示例，在这里通过同一数据集来评估神经网络模型的性能，这个评估方法只能反映训练数据集在模型上的准确度，不能反映算法对新数据的预测结果。通常可以将数据分成训练数据集和评估数据集，进行模型的训练和评估，以便得到模型在新数据上的性能。

可以使用模型的 evaluation()函数来评估模型的准确度，在这个示例中使用训练集来评估模型的准确度，因此传递给 evaluation()函数的数据集与用于训练模型的数据集相同。这个函数将产生每个输入和输出对的预测，并收集分数，包括平均损失和配置的任何指标，如准确度，代码如下：

```
# 评估模型
scores = model.evaluate(x=x, y=Y)
print('\n%s : %.2f%%' % (model.metrics_names[1], scores[1]*100))
```

3.8 汇总代码

到这里已经完成了基于 Keras 构建的第一个神经网络模型。下面给出完整的代码，并运行这个模型，代码如下：

```
from keras.models import Sequential
from keras.layers import Dense
import numpy as np
# 设定随机数种子
np.random.seed(7)

# 导入数据
dataset = np.loadtxt('pima-indians-diabetes.csv', delimiter=',')
# 分割输入变量 x 和输出变量 Y
x = dataset[:, 0 : 8]
Y = dataset[:, 8]

# 创建模型
model = Sequential()
model.add(Dense(12, input_dim=8, activation='relu'))
model.add(Dense(8, activation='relu'))
model.add(Dense(1, activation='sigmoid'))

# 编译模型
model.compile(loss='binary_crossentropy', optimizer='adam',
metrics=['accuracy'])

# 训练模型
model.fit(x=x, y=Y, epochs=150, batch_size=10)

# 评估模型
scores = model.evaluate(x=x, y=Y)
print('\n%s : %.2f%%' % (model.metrics_names[1], scores[1]*100))
```

运行这段代码，得到每一个 epoch 执行的 loss 和准确度，以及使用相同的训练集的评估结果。后端使用了 TensorFlow，执行结果如下：

```
Epoch 1/150
10/768 [..............................] - ETA: 18s - loss: 1.6118 - acc: 0.9000
160/768 [=====>........................] - ETA: 1s - loss: 5.1552 - acc: 0.6750
330/768 [===========>..................] - ETA: 0s - loss: 4.8709 - acc: 0.6697
500/768 [==================>...........] - ETA: 0s - loss: 4.7345 - acc: 0.6280
670/768 [=========================>....] - ETA: 0s - loss: 4.0508 - acc: 0.6060
768/768 [==============================] - 0s - loss: 3.7509 - acc: 0.6003
Epoch 2/150
 10/768 [..............................] - ETA: 0s - loss: 0.4386 - acc: 0.8000
180/768 [======>.......................] - ETA: 0s - loss: 1.1993 - acc: 0.5611
350/768 [============>.................] - ETA: 0s - loss: 1.0349 - acc: 0.5914
520/768 [===================>..........] - ETA: 0s - loss: 0.9557 - acc: 0.6115
670/768 [=========================>....] - ETA: 0s - loss: 0.9623 - acc: 0.5836
768/768 [==============================] - 0s - loss: 0.9440 - acc: 0.5951
…
Epoch 149/150
 10/768 [..............................] - ETA: 0s - loss: 0.5194 - acc: 0.7000
180/768 [======>.......................] - ETA: 0s - loss: 0.5135 - acc: 0.7333
320/768 [===========>..................] - ETA: 0s - loss: 0.5074 - acc: 0.7500
470/768 [=================>............] - ETA: 0s - loss: 0.4789 - acc: 0.7723
640/768 [========================>.....] - ETA: 0s - loss: 0.4808 - acc: 0.7641
768/768 [==============================] - 0s - loss: 0.4753 - acc: 0.7682
Epoch 150/150
 10/768 [..............................] - ETA: 0s - loss: 0.3548 - acc: 0.9000
160/768 [=====>........................] - ETA: 0s - loss: 0.4492 - acc: 0.8125
300/768 [==========>...................] - ETA: 0s - loss: 0.4422 - acc: 0.7967
450/768 [================>.............] - ETA: 0s - loss: 0.4596 - acc: 0.7778
620/768 [======================>.......] - ETA: 0s - loss: 0.4767 - acc: 0.7677
768/768 [==============================] - 0s - loss: 0.4783 - acc: 0.7695
 32/768 [>.............................] - ETA: 0s
acc : 79.82%

Process finished with exit code 0
```

4 多层感知器速成

初学人工神经网络时会觉得它非常复杂，但是人工神经网络依然是一个引人入胜的学习领域。本章将简单地介绍一下在通常的预测领域中使用的人工神经网络——多层感知器。

4.1 多层感知器

人工神经网络通常被称为神经网络或多层感知器（MLP，Multilayer Perceptron），多层感知器也许是最有用的神经网络类型，通常用于解决分类与回归问题。多层感知器是一种前馈人工神经网络模型，其将输入的多个数据维度映射到单一的输出的数据维度上。感知器是单个神经元模型，是较大神经网络的基石。多层感知器是一个研究如何模拟生物大脑模型来解决困难的计算任务的方法，是具有良好的鲁棒性算法和数据结构的模型。

神经网络依靠复杂的系统结构，通过调整内部大量节点之间的连接关系，达到处理信息的目的。神经网络的一个重要特性是能够从样本数据中学习，并把学习结果分步存储在神经元中。在数学上，神经网络能够学习任何类型的映射函数，并且已被证明是一种通用逼近算法，可以使用在任何闭区间内，构建一个连续函数。神经网络的学习过程，是在其所处环境的激励下，相继给网络输入一些样本，并按照一定的规则（学习算法）调整网络各层的权值矩阵，待网络各层权值都收敛到一定程度，学习过程结束。并且使用生成的神经网络模型对真实数据做预测，神经网络的预测能力来自网络的分层或多层结构，多层结构是通过选择不同尺度的数据特征，并将它们组合成高阶特征，例如，从线的集合到形状等，从而实现对新数据的预测。

4.2 神经元

神经元是构成神经网络的基本模块。神经元模型是一个具有加权输入，并且使用激活功能产生输出信号的基础计算单元。输入可以类比为生物神经元的树突，输出可以类比为生物神经元的轴突，计算则可以类比为细胞核。图 4-1 是一个简单的神经元模型示例，由 3 个输入和 1 个输出构成。

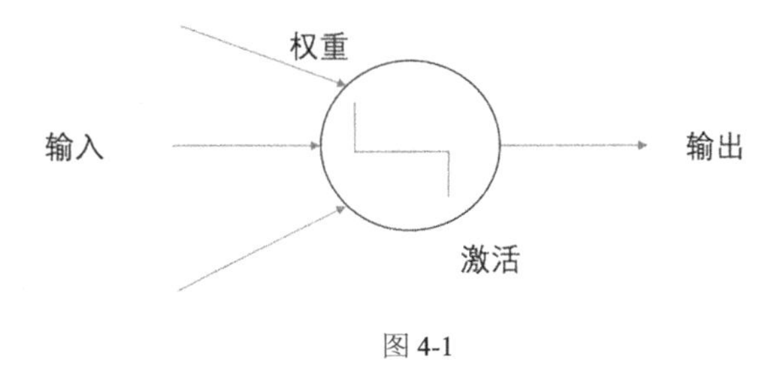

图 4-1

4.2.1 神经元权重

线性回归中输入的权重与回归方程中使用的系数非常相似。与线性回归一样，每个神经元也有一个偏差，偏差是改善学习速度和预防过拟合的有效方法。例如，神经元有两个输入，在这种情况下，它需要三个权重，每个输入各一个权重和一个偏置量。

尽管可以使用更复杂的初始化方案，权重通常被初始化为小的随机值，例如 0 到 0.3 范围内的值。与线性回归一样，较大的权重表示模型的复杂性和脆弱性的增加。小随机数初始化权重初始值要非常接近 0 又不能等于 0，就是将权重初始化为很小的数值，以此来打破对称性。

采用小随机数初始化权重，为什么不将权重初始化为 0？因为如果网络中的每个神经元都计算出同样的输出，它们就会在反向传播中计算出同样的梯度，从而进行同样的权重更新。换句话说，如果权重被初始化为同样的值，神经元之间就失去了不对称性的源头。如果神经元刚开始的时候是随机且不相等的，那么它们将计算出不同的权重并更新，因此，可以将神经元自身变成整个网络的不同部分，增加网络的鲁棒性。

4.2.2 激活函数

激活函数是加权输入与神经元输出的简单映射。它被称为激活函数，是因为它控制神经元激活的阈值和输出信号的强度。历史上最简单的激活函数是临界值判定，如输入总和高于阈值（如 0.5），则神经元将输出值 1.0，否则将输出值 0.0。

激活函数通常有以下一些性质。

- 非线性：当激活函数是非线性的时候，一个两层的神经网络就可以基本逼近所有的函数了。但是，如果激活函数是恒等激活函数时（$f(x)=x$），就不满足这个特性，假如多层感知器使用的是恒等激活函数，那么整个网络和单层神经网络是等价的。
- 可微性：当优化方法是基于梯度优化时，这个性质是必需的。
- 单调性：当激活函数是单调函数时，单层网络能够保证是凸函数。
- $f(x)\approx x$：当激活函数满足这个性质时，如果参数的初始化为很小的随机值，那么神经网络的训练将会很高效；如果不满足这个性质，那么就需要很用心地去设置初始值。
- 输出值的范围：当激活函数的输出值的范围有限的时候，基于梯度的优化方法会更加稳定，因为特征的表示受有限权值的影响更显著；当激活函数的输出值的范围无限的时候，模型的训练会更加高效，不过在这种情况下，一般需要更小的学习率。

既然激活函数具有这些特征，那么如何选择激活函数呢？传统上使用非线性激活函数。这允许网络以更复杂的方式组合输入，从而可以构建功能更丰富的模型。使用类似逻辑函数的非线性函数也称为 sigmoid 函数，它以 s 形分布输出 0 和 1 之间的值。双曲正切函数也称为 tanh，它在-1 到+1 范围内输出相同的分布。最近，线性整流函数（ReLU）已被证明可以提供更好的结果，相比于 sigmoid 函数和 tanh 函数，ReLU 只需要一个阈值就可以得到激活值，而不用去算一大堆复杂的运算。当然，ReLU 也有缺点，就是训练的时候很“脆弱”，并且很容易失去作用。举个例子，一个非常大的梯度流过一个 ReLU 神经元，更新参数之后，这个神经元再也不会对任何数据有激活现象。如果这个情况发生了，那么这个神经元的梯度就永远都是 0。

4.3 神经网络

神经元被布置成神经元网络时，一排或一列神经元称为一层，一个网络可以有多个层。网络中神经元的架构通常被称为网络拓扑，如图 4-2 所示。

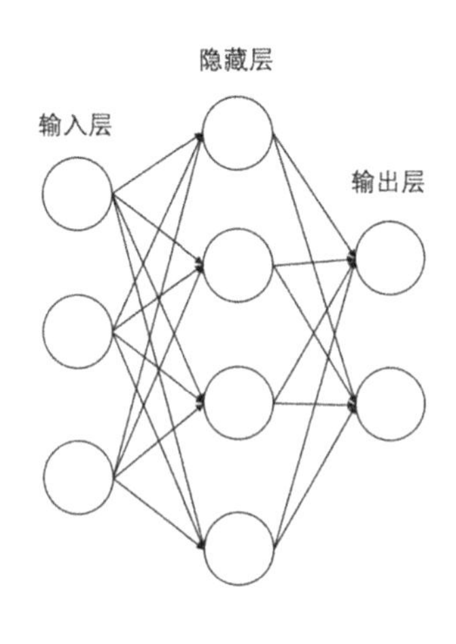

图 4-2

在开始介绍神经网络之前，先介绍一些基本知识。

- 设计神经网络时，输入层与输出层的节点数往往是固定的，中间层则可以自由指定。
- 神经网络结构图中的拓扑与箭头代表预测过程中数据的流向，和训练时的数据流有一定的区别。

- 结构图中的关键不是圆圈（代表“神经元”），而是连接线（代表“神经元”之间的连接）。每个连接线对应一个不同的权重（其值称为权值），这是需要训练得到的。

4.3.1 输入层（可视层）

从数据集中获取输入的层叫作输入层，也称为可视层，因为它是网络暴露在外的部分。通常，在数据集中，每个输入维度或列具有一个神经元，输入层的神经元仅是简单地将输入值传递到下一层。

4.3.2 隐藏层

输入层之后的层被称为隐藏层，因为它们不直接暴露在网络外部。最简单的网络结构是在隐藏层中具有直接输出值的单个神经元。考虑到计算能力和高效算法的增加，可以构建非常深的神经网络。深度学习是指神经网络中有很多隐藏层。多层的神经网络，过去在训练上表现不佳，需要花费大量的时间来完成网络训练，使用现代技术和硬件可能仅需要几秒钟或几分钟就能完成训练。理论证明，两层神经网络可以无限逼近任意连续函数。也就是说，面对复杂的非线性分类任务，两层神经网络可以分类得很好，关键就是从输入层到隐藏层时，数据发生了空间变换。也就是说，在两层神经网络中，隐藏层对原始的数据进行了一个空间变换，使其可以被线性分类。而且，输出层的决策分界划出了一个线性分类分界线，对其进行分类。两层神经网络通过两层的线性模型模拟了数据内真实的非线性函数。因此，多层的神经网络的本质就是复杂函数拟合。

4.3.3 输出层

最后的隐藏层称为输出层，它负责输出与项目问题所需格式相对应的值或向量。输出层中激活功能的选择受建模问题类型的强烈约束。例如：

- 回归问题可能有单个输出神经元，神经元可能没有激活函数。
- 二分类问题可能具有单个输出神经元，并使用 sigmoid 激活函数输出 0 和 1 之间的值，以表示预测主类别值的概率。因此可以使用阈值（如 0.5），将概率转换为明确的类别。

- 多分类问题在输出层中可能有多个神经元，每个类别有一个神经元（例如，著名的鸢尾花分类问题中的三个类别，因此使用三个神经元）。在这种情况下，可以使用 softmax 激活函数来输出神经网络对每个类值的概率预测，通过选择具有最高的输出概率，产生清晰的类别分类值。

在设计一个神经网络时，输入层的节点数需要与特征的维度匹配，输出层的节点数要与目标的维度匹配。而中间层的节点数，却是由设计者指定的。因此，“自由”把握在设计者的手中。但是，节点数设置多少，却会影响整个模型的效果。如何决定这个自由层的节点数呢？目前业界没有完善的理论来指导这个决策，一般是根据经验来设置的。较好的方法就是预先设定几个可选值，通过切换这几个值来看整个模型的预测效果，选择效果最好的值作为最终选择。

4.4 训练神经网络

当完成对神经网络的配置后，需要通过数据来训练神经网络模型。

4.4.1 准备数据

训练神经网络模型首先需要准备数据，数据必须是数值型的。如果数据中存在类别数据，例如男性和女性的性别属性，可以将其转换为 one-hot 编码的数值来表示分类。例如，将男性设置为 1，女性设置为 0。

对于多分类问题，输出变量可以使用相同的 one-hot 编码。这将从单个列创建一个二进制向量，为每个类别输出一个值，并且很容易直接与网络输出层中神经元的输出进行比较。神经网络需要以相同的尺度对输入进行缩放，因此可以将其数据缩放到 0 和 1 之间的范围，称为归一化（Normalization）。另一种流行的技术是使其标准化（Standardize），使每列的分布具有零的平均值和标准偏差 1。尺度缩放也适用于图像像素数据，单词的数据需要转换为整数，例如数据集中单词的频率等级或其他编码技术。

4.4.2 随机梯度下降算法

经典且最有效的神经网络优化算法称为随机梯度下降算法。随机梯度下降算法是随机和优化相结合的产物，属于梯度下降算法的一种，适用于大规模的问题。理解随机梯度下降算法之前，需要先明确梯度下降算法。众所周知，每个优化问题会有一个目标函数，梯度下降算法就是采用迭代的策略，从初始点开始，每次沿着目标函数在当前点的负梯度方向前进一定的步长，只要步长设置合理，就可以得到一个单调递减的序列，直至不再下降，即最优解。对于一般优化问题，梯度下降算法可以找到局部最优解；对于凸优化问题，梯度下降算法可以得到全局最优解。但是，当数据量非常大时，梯度下降算法的计算开销非常大，深度学习中的数据量是非常巨大的，为了降低梯度下降算法的巨大计算开销，就出现了随机梯度下降算法。随机梯度下降算法的基本思想很简单，就是不直接计算梯度的精确值，而是用梯度的无偏估计来代替梯度，以便降低计算开销，从而让数据快速收敛。

输入通过神经元的激活函数，一直传递到输出，这个过程叫作向前传播。首先，将网络的输出与预期输出进行比较，并计算出错误。然后，将该错误通过网络一次传播回来，并且根据它们对错误的贡献量更新权重，这个过程称为反向传播。在神经网络的模型训练中，会使用训练数据重复此过程。整个训练数据集的一轮更新网络被称为一个时期（epoch），完成整个神经网络模型的训练需要数十、数百或数千个时期。

4.4.3 权重更新

使用每个训练中的错误结果计算更新网络中的权重，被称为在线学习。这可能会导致网络快速而混乱的变化。作为改进方法，在所有训练过程中保存结果误差，并在最后更新网络权重，这被称为批量学习，通常更稳定。

通常数据集非常大，为了提高计算效率，在网络更新时，使用少量样本对权重进行更新，也就是说，设置一个相对较小的批处理大小（batch_size），例如数十或数百个样本来更新权重。权重更新由被称为学习率的配置参数控制，也被称为步长，并控制给定结果误差对网络权重的更新。通常使用较小的学习率，如 0.1、0.01 或更小。此外，更新方程还可以设置其他配置参数。

- 动量（Momentum）：不恰当的初始权值，可能使得网络的损失函数在训练过程中陷入局部最小值，达不到全局最优的状态。因此，如何消除这种不确定性，是训练深度网络时必须解决的一个问题。动量能够在一定程度上解决这个问题，即使在计算过程中很少存在结果误差，也能确保持续更新权重。
- 学习率衰减（Learning Rate Decay）：平衡模型的训练速度和损失后，选择了相对合适的学习率，但是训练集的损失下降到一定程度后就不再下降，遇到这种情况通常可以适当降低学习率。但是，降低学习率又会延长训练所需的时间。学习率衰减就是一种可以平衡这两者之间矛盾的解决方案。学习率衰减的基本思想是：学习率随着训练的进行逐渐衰减。

4.4.4 预测新数据

一旦神经网络被训练完成，就可以用其做出预测。可以通过对评估数据进行预测，来评估模型对未知数据的准确度。训练完成的模型，可以部署到生产环境，并对新数据做出预测。网络拓扑结构和最终的权重集都是需要保存的模型数据。通过向网络提供输入并执行向前传导，计算新数据通过模型后的输出，来完成对新数据的预测。

在单层神经网络中，使用的激活函数是 sgn 函数。在两层神经网络中，使用最多的是 sigmoid 函数。而在多层神经网络中，通过一系列的研究发现，ReLU 函数在训练多层神经网络时更容易收敛，并且预测性能更好。因此，目前在深度学习中最流行的非线性函数是 ReLU 函数。ReLU 函数不是传统的非线性函数，而是分段线性函数。其表达式非常简单：$y=\max(x,0)$。简而言之，在 x 大于 0 时，输出就是输入；而在 x 小于 0 时，输出就保持为 0。这种函数的设计启发来自于生物神经元对于激励的线性响应，以及当低于某个阈值后就不再响应的模拟。

在多层神经网络中，训练的主题仍然是优化和泛化。当使用足够强的计算芯片（如 GPU 图形加速卡）时，梯度下降算法及反向传播算法在多层神经网络中的训练中仍然工作得很好。目前学术界主要的研究既包括开发新的算法，也包括对这两种算法进行不断优化，例如，增加了一种带动量因子的梯度下降算法。

在深度学习中，泛化技术变得更加重要。这主要是因为神经网络的层数增加了，参数也增加了，表示能力大幅度增强，很容易出现过拟合现象，因此正则化技术就显得十分重要。目前，Dropout 技术及数据增强（Data-Augmentation）技术是使用最多的正则化技术。

5 评估深度学习模型

在设计和配置深度学习模型时，有很多选项需要进行配置，大多数情况必须通过试错法经验性地寻找最优答案，并使用实际数据评估模型的性能。因此，一个可靠的用来评估神经网络的深度学习模型的方法至关重要。本章将介绍如何在 Keras 中评估模型的性能。

5.1 深度学习模型和评估

在设计和配置深度学习模型时，面临很多选择（如网络的层数、大小和类型，以及损失函数的选择等），必须做出决策来选择合适的设计与配置。虽然可以通过借鉴他人的网络结构得到启发来解决问题，但是最好的选择是设计小型实验，并用实际数据来评估各个选项。

深度学习通常用于具有非常大的数据集的问题（通常是数万条或数十万条数据）。因此，需要设计一种合适的评估方法，来估计未知数据中给定配置的性能，并与其他配置进行比较。在评估过程中，需要确保训练数据集与评估数据集在不同配置下的一致性，来确保评估的准确性。

由于深度学习具有数据量大和模型复杂的特征，因此需要花费很长的时间进行训练。在评估模型时，通常将数据简单地分离成训练数据集和评估数据集。Keras 提供了两种评估深度学习模型的方法：自动评估和手动评估。

5.2 自动评估

Keras 可将数据集的一部分分成评估数据集，并在每个 epoch 中使用该评估数据集对模型进行评估。在实现上，可以通过将 fit()函数的验证分割参数（validation_split）设置为数据集大小的百分比来实现。例如，使用 20%的数据评估模型时，将验证分割参数设置为 0.2，通过设置验证分割参数，Keras 就能自动分割数据，并评估模型的性能。以下示例演示了如何使用 Pima Indians 糖尿病数据集进行自动评估，因为数据集比较小，在示例中将验证分割参数设置为 0.2，代码如下：

```
from keras.models import Sequential
from keras.layers import Dense
import numpy as np

# 设定随机数种子
np.random.seed(7)

# 导入数据
dataset = np.loadtxt('pima-indians-diabetes.csv', delimiter=',')
# 分割输入变量 x 和输出变量 Y
x = dataset[:, 0 : 8]
Y = dataset[:, 8]

# 创建模型
model = Sequential()
model.add(Dense(12, input_dim=8, activation='relu'))
model.add(Dense(8, activation='relu'))
model.add(Dense(1, activation='sigmoid'))

# 编译模型
```

```
model.compile(loss='binary_crossentropy', optimizer='adam',
metrics=['accuracy'])

# 训练模型并自动评估模型
model.fit(x=x, y=Y, epochs=150, batch_size=10, validation_split=0.2)
```

执行上述代码，得到的结果如下：

```
…
Epoch 148/150
 10/614 [..............................] - ETA: 0s - loss: 0.3946 - acc: 0.9000
180/614 [=======>......................] - ETA: 0s - loss: 0.4730 - acc: 0.7500
350/614 [================>.............] - ETA: 0s - loss: 0.4919 - acc: 0.7486
480/614 [======================>.......] - ETA: 0s - loss: 0.4751 - acc: 0.7667
600/614 [============================>.] - ETA: 0s - loss: 0.4643 - acc: 0.7700
614/614 [==============================] - 0s - loss: 0.4693 - acc: 0.7687
- val_loss: 0.5160 - val_acc: 0.7403
Epoch 149/150
 10/614 [..............................] - ETA: 0s - loss: 0.4367 - acc: 0.9000
180/614 [=======>......................] - ETA: 0s - loss: 0.4890 - acc: 0.7556
350/614 [================>.............] - ETA: 0s - loss: 0.4815 - acc: 0.7657
490/614 [======================>.......] - ETA: 0s - loss: 0.4661 - acc: 0.7776
580/614 [===========================>..] - ETA: 0s - loss: 0.4698 - acc: 0.7845
614/614 [==============================] - 0s - loss: 0.4777 - acc: 0.7818
- val_loss: 0.5835 - val_acc: 0.7403
Epoch 150/150
 10/614 [..............................] - ETA: 0s - loss: 0.3914 - acc: 0.8000
180/614 [=======>......................] - ETA: 0s - loss: 0.5204 - acc: 0.7389
350/614 [================>.............] - ETA: 0s - loss: 0.4713 - acc: 0.7714
480/614 [======================>.......] - ETA: 0s - loss: 0.4640 - acc: 0.7771
600/614 [============================>.] - ETA: 0s - loss: 0.4691 - acc: 0.7717
614/614 [==============================] - 0s - loss: 0.4645 - acc: 0.7752
- val_loss: 0.5401 - val_acc: 0.7468
```

与第 3 章的例子相比，执行结果中多了 val_loss 和 val_acc 两个项目的输出，这是 Keras 自动评估的结果。

5.3 手动评估

在 Keras 中除了提供自动评估的方法，还提供利用评估数据集进行手动评估的方法。

5.3.1 手动分离数据集并评估

Keras 允许手动指定在训练期间进行验证的数据集。在这个例子中，使用 scikit 机器学习库的 train_test_split()函数将数据分成训练数据集和评估数据集。使用 80%的数据进行训练，剩余 20%的数据用于评估。评估数据集可以通过评估数据参数传递给 Keras 中的 fit()函数。它需要一个输入和输出数据集的元组，代码如下：

```
from keras.models import Sequential
from keras.layers import Dense
from sklearn.model_selection import train_test_split
import numpy as np

seed = 7
# 设定随机数种子
np.random.seed(seed)

# 导入数据
dataset = np.loadtxt('pima-indians-diabetes.csv', delimiter=',')
# 分割输入变量 x 和输出变量 Y
x = dataset[:, 0 : 8]
Y = dataset[:, 8]

# 分割数据集
x_train, x_validation, Y_train, Y_validation = train_test_split(x, Y,
test_size=0.2, random_state=seed)

# 构建模型
model = Sequential()
model.add(Dense(12, input_dim=8, activation='relu'))
model.add(Dense(8, activation='relu'))
model.add(Dense(1, activation='sigmoid'))
```

```
# 编译模型
model.compile(loss='binary_crossentropy', optimizer='adam',
metrics=['accuracy'])

# 训练模型，并指定评估数据集
model.fit(x_train, Y_train, validation_data=(x_validation, Y_validation),
epochs=150, batch_size=10)
```

执行结果如下：

```
…
Epoch 146/150
 10/614 [..............................] - ETA: 0s - loss: 0.3523 - acc: 0.7000
614/614 [==============================] - 0s - loss: 0.4909 - acc: 0.7606
- val_loss: 0.5386 - val_acc: 0.7597
Epoch 147/150
 10/614 [..............................] - ETA: 0s - loss: 0.3978 - acc: 1.0000
614/614 [==============================] - 0s - loss: 0.4915 - acc: 0.7622
- val_loss: 0.5106 - val_acc: 0.7857
Epoch 148/150
 10/614 [..............................] - ETA: 0s - loss: 0.4164 - acc: 0.9000
614/614 [==============================] - 0s - loss: 0.4864 - acc: 0.7508
- val_loss: 0.5057 - val_acc: 0.8052
Epoch 149/150
 10/614 [..............................] - ETA: 0s - loss: 0.5185 - acc: 0.8000
614/614 [==============================] - 0s - loss: 0.4949 - acc: 0.7590
- val_loss: 0.5476 - val_acc: 0.7338
Epoch 150/150
 10/614 [..............................] - ETA: 0s - loss: 0.3317 - acc: 0.8000
614/614 [==============================] - 0s - loss: 0.4979 - acc: 0.7573
- val_loss: 0.5116 - val_acc: 0.7792
```

5.3.2 k 折交叉验证

机器学习模型评估的黄金标准是 k 折交叉验证。它提供了模型对未知数据性能的可靠估计。k 折交叉验证的过程是将数据集分为 *k* 个子集，选择其中一个子集作为评估数据集，利用剩余的 k-1 个子集训练模型，并用预留的子集对模型进行评估。重复该过程，直到所有子集被赋予作为被评估数据集的机会，采用 k 个模型评估结果的平均值作为模型最终的评估结果。

k 折交叉验证通常不用于评估深度学习模型，因为深度学习模型的计算开销较大。例如，k 折交叉验证通常使用 5 个或 10 个子集。因此，必须构建和评估 5 个或 10 个模型，大大增加了模型的评估时间开销。当问题足够小，或者有足够的计算资源时，k 折交叉验证可以相对比较准确地报告评估结果。

在下面的例子中，将使用 Scikit-Learn 机器学习库中的 StratifiedKFold 类将数据集分成 10 个子集。StratifiedKFold 是 KFold 的变体，StratifiedKFold 通过算法来平衡每个子集中每个类的实例数。该示例使用 StratifiedKFold 将数据分割成 10 个子集，并利用这 10 个子集创建和评估 10 个模型，且收集这 10 个模型的评估得分。通过设置 verbose 为 0 来关闭模型的 fit()和 evaluate()函数的详细输出，在每个模型构建完成后，进行评估并输出评估结果；在所有模型评估完成后，输出模型得分的均值和标准差，以提供对模型精度的鲁棒性的估计，代码如下：

```
from keras.models import Sequential
from keras.layers import Dense
import numpy as np
from sklearn.model_selection import StratifiedKFold

seed = 7
# 设定随机数种子
np.random.seed(seed)

# 导入数据
dataset = np.loadtxt('pima-indians-diabetes.csv', delimiter=',')
# 分割输入变量 x 和输出变量 Y
x = dataset[:, 0 : 8]
Y = dataset[:, 8]

kfold = StratifiedKFold(n_splits=10, random_state=seed, shuffle=True)
cvscores = []
```

```
for train, validation in kfold.split(x, Y):
    # 创建模型
    model = Sequential()
    model.add(Dense(12, input_dim=8, activation='relu'))
    model.add(Dense(8, activation='relu'))
    model.add(Dense(1, activation='sigmoid'))

    # 编译模型
    model.compile(loss='binary_crossentropy', optimizer='adam',
metrics=['accuracy'])

    # 训练模型
    model.fit(x[train], Y[train], epochs=150, batch_size=10, verbose=0)

    # 评估模型
    scores = model.evaluate(x[validation], Y[validation], verbose=0)

    # 输出评估结果
    print('%s: %.2f%%' % (model.metrics_names[1], scores[1] * 100))
    cvscores.append(scores[1] * 100)

# 输出均值和标准差
print('%.2f%% (+/- %.2f%%)' % (np.mean(cvscores), np.std(cvscores)))
```

需要注意的是，在循环中每次都需要创建并训练一个模型，这大大增加了计算的运行时间。执行结果如下：

```
acc: 75.32%
acc: 72.73%
acc: 71.43%
acc: 76.62%
acc: 76.62%
acc: 35.06%
acc: 70.13%
acc: 66.23%
acc: 34.21%
acc: 72.37%
65.07% (+/- 15.50%)
```

6 在 Keras 中使用 Scikit-Learn

Keras 是 Python 在深度学习领域非常受欢迎的类库之一，但 Keras 的侧重点是深度学习，而不是所有的机器学习。事实上，Keras 力求极简主义，只专注于快速、简单地定义和构建深度学习模型所需要的内容。Python 中的 Scikit-Learn 是非常受欢迎的机器学习库，它基于 SciPy，用于高效的数值计算。Scikit-Learn 是一个功能齐全的通用机器学习库，并提供了许多在开发深度学习模型中非常有帮助的方法，例如，Scikit-Learn 提供了很多用于选择模型和对模型调优的方法，这些方法同样适用于深度学习。

Keras 类库为深度学习模型提供了一个包装类（Wrapper），将 Keras 的深度学习模型包装成 Scikit-Learn 中的分类模型或回归模型，以便于方便地使用 Scikit-Learn 中的方法和函数。对深度学习模型的包装是通过 KerasClassifier（用于分类模型）和 KerasRegressor（用于回归模型）来实现的。本章将介绍如何使用 KerasClassifier 在 Keras 中创建神经网络的分类模型，并在 Scikit-Learn 中使用。用于回归问题的 KerasRegressor 的使用方法与此类似，这里就不再重复介绍了。在这里依然使用 Pima Indians 糖尿病数据集来进行说明，介绍如何使用 k 折交叉验证来评估模型和利用网格搜索算法进行调参。需要注意的是，深度学习模型都是基于大量数据构建的，这些方法的实施需要大量的时间或运算资源。

6.1 使用交叉验证评估模型

KerasClassifier 和 KerasRegressor 类使用参数 build_fn，指定用来创建模型的函数的名称。因此，必须定义一个函数，并通过函数来定义深度学习的模型，编译并返回它。在下面的例子中，定义了利用 create_model()函数创建一个简单的多层神经网络。

除通过 build_fn 参数将这个函数传递给 KerasClassifier 类之外，还设置 epochs 参数为 150 和 batch_size 参数为 10，并传递这两个参数给 KerasClassifier 实例。参数将自动绑定并传递给由 KerasClassifier 类内部调用的 fit()函数。在这个例子中，使用 Scikit-Learn 中的 StratifiedKFold()来执行 10 折交叉验证。使用 Scikit-Learn 中的函数 cross_val_score()来评估深度学习模型并输出结果，代码如下：

```
from keras.models import Sequential
from keras.layers import Dense
import numpy as np
from sklearn.model_selection import cross_val_score
from sklearn.model_selection import StratifiedKFold
from keras.wrappers.scikit_learn import KerasClassifier

# 构建模型
def create_model():
    # 构建模型
    model = Sequential()
    model.add(Dense(units=12, input_dim=8, activation='relu'))
    model.add(Dense(units=8, activation='relu'))
    model.add(Dense(units=1, activation='sigmoid'))

    # 编译模型
    model.compile(loss='binary_crossentropy', optimizer='adam',
metrics=['accuracy'])

    return model

seed = 7
# 设定随机数种子
```

```
    np.random.seed(seed)

    # 导入数据
    dataset = np.loadtxt('pima-indians-diabetes.csv', delimiter=',')
    # 分割输入变量 x 和输出变量 Y
    x = dataset[:, 0 : 8]
    Y = dataset[:, 8]

    #创建模型 for scikit-learn
    model = KerasClassifier(build_fn=create_model, epochs=150, batch_size=10,
verbose=0)

    # 10 折交叉验证
    kfold = StratifiedKFold(n_splits=10, shuffle=True, random_state=seed)
    results = cross_val_score(model, x, Y, cv=kfold)
    print(results.mean())
```

执行代码，可以得到 10 折交叉验证的准确度均值，结果如下：

```
0.650734791878
```

6.2 深度学习模型调参

前面的例子展示了如何使用 Keras 包装类，来使用 Scikit-Learn 的功能评估深度学习模型。通过为 fit()函数提供参数的方式，来设置深度学习模型训练时的参数 epochs 和 batch_size。在创建 KerasClassifier 包装类实例时，可以同时给 build_fn 函数传递参数，进而可以使用这些参数来定制模型的结构。

在构建深度学习模型时，如何配置一个最优模型一直是进行一个项目的重点。在机器学习中，可以通过算法自动调优这些配置参数。在这里将介绍一个例子，通过 Keras 的包装类，借助 Scikit-Learn 的网格搜索算法评估神经网络模型的不同配置，并找到最佳评估性能的参数组合。create_model()函数被定义为具有两个默认值的参数（optimizer 和 init）的函数，这便于对神经网络使用不同的优化器和权重初始化方案进行评估。创建模型后，定义要搜索的参数的值数组，包括优化器（optimizer）、权重初始化方案（init）、epochs 和 batch_size。

在 Scikit-Learn 中的 GridSearchCV 需要一个字典类型的字段作为需要调参的参数，默认采用 3 折交叉验证来评估算法，由于有 4 个参数需要进行调参，因此将会产生 4×3 个模型。如果参数比较多，会生成比较多的模型，因此需要大量的计算。也许这种方法在大数据量的情况下是不合适的，但是对少量数据的实验是非常有效的方法。示例代码如下：

```
from keras.models import Sequential
from keras.layers import Dense
import numpy as np
from sklearn.model_selection import GridSearchCV
from keras.wrappers.scikit_learn import KerasClassifier


# 构建模型
def create_model(optimizer='adam', init='glorot_uniform'):
    # 构建模型
    model = Sequential()
    model.add(Dense(units=12, kernel_initializer=init, input_dim=8,
activation='relu'))
    model.add(Dense(units=8, kernel_initializer=init, activation='relu'))
    model.add(Dense(units=1, kernel_initializer=init, activation='sigmoid'))

    # 编译模型
    model.compile(loss='binary_crossentropy', optimizer=optimizer,
metrics=['accuracy'])

    return model

seed = 7
# 设定随机数种子
np.random.seed(seed)

# 导入数据
dataset = np.loadtxt('pima-indians-diabetes.csv', delimiter=',')
```

```
# 分割输入变量 x 和输出变量 Y
x = dataset[:, 0 : 8]
Y = dataset[:, 8]

#创建模型 for scikit-learn
model = KerasClassifier(build_fn=create_model, verbose=0)

# 构建需要调参的参数
param_grid = {}
param_grid['optimizer'] = ['rmsprop', 'adam']
param_grid['init'] = ['glorot_uniform', 'normal', 'uniform']
param_grid['epochs'] = [50, 100, 150, 200]
param_grid['batch_size'] = [5, 10, 20]

# 调参
grid = GridSearchCV(estimator=model, param_grid=param_grid)
results = grid.fit(x, Y)

# 输出结果
print('Best: %f using %s' % (results.best_score_, results.best_params_))
means = results.cv_results_['mean_test_score']
stds = results.cv_results_['std_test_score']
params = results.cv_results_['params']

for mean, std, param in zip(means, stds, params):
    print('%f (%f) with: %r' % (mean, std, param))
```

笔者使用的是 4 年前的 Mac BookPro 产品，在仅使用 CPU 计算时，运行时间大约是 20 分钟，这个时间足够去喝一杯咖啡了。通常运行一次不一定能够找到最优参数组合，当最优参数组合为参数列表的临界值时，需要再次配置参数重新执行，直到找到最优参数。执行结果中的第一行输出，为通过网格搜索得到的最优参数。执行结果如下：

```
Best: 0.751302 using {'batch_size': 5, 'epochs': 200, 'init': 'normal', 'optimizer': 'rmsprop'}
0.707031 (0.025315) with: {'batch_size': 5, 'epochs': 50, 'init': 'glorot_uniform', 'optimizer': 'rmsprop'}
0.589844 (0.147095) with: {'batch_size': 5, 'epochs': 50, 'init':
```

```
'glorot_uniform', 'optimizer': 'adam'}
    0.701823 (0.006639) with: {'batch_size': 5, 'epochs': 50, 'init': 'normal', 'optimizer': 'rmsprop'}
    0.714844 (0.019401) with: {'batch_size': 5, 'epochs': 50, 'init': 'normal', 'optimizer': 'adam'}
    0.714844 (0.011049) with: {'batch_size': 5, 'epochs': 50, 'init': 'uniform', 'optimizer': 'rmsprop'}
    0.688802 (0.032578) with: {'batch_size': 5, 'epochs': 50, 'init': 'uniform', 'optimizer': 'adam'}
    0.657552 (0.075566) with: {'batch_size': 5, 'epochs': 100, 'init': 'glorot_uniform', 'optimizer': 'rmsprop'}
    0.696615 (0.026557) with: {'batch_size': 5, 'epochs': 100, 'init': 'glorot_uniform', 'optimizer': 'adam'}
    0.727865 (0.022402) with: {'batch_size': 5, 'epochs': 100, 'init': 'normal', 'optimizer': 'rmsprop'}
    0.736979 (0.030647) with: {'batch_size': 5, 'epochs': 100, 'init': 'normal', 'optimizer': 'adam'}
    0.739583 (0.029635) with: {'batch_size': 5, 'epochs': 100, 'init': 'uniform', 'optimizer': 'rmsprop'}
    0.716146 (0.012890) with: {'batch_size': 5, 'epochs': 100, 'init': 'uniform', 'optimizer': 'adam'}
    0.694010 (0.035132) with: {'batch_size': 5, 'epochs': 150, 'init': 'glorot_uniform', 'optimizer': 'rmsprop'}
    0.697917 (0.028940) with: {'batch_size': 5, 'epochs': 150, 'init': 'glorot_uniform', 'optimizer': 'adam'}
    0.729167 (0.028940) with: {'batch_size': 5, 'epochs': 150, 'init': 'normal', 'optimizer': 'rmsprop'}
    0.747396 (0.016053) with: {'batch_size': 5, 'epochs': 150, 'init': 'normal', 'optimizer': 'adam'}
    0.730469 (0.005524) with: {'batch_size': 5, 'epochs': 150, 'init': 'uniform', 'optimizer': 'rmsprop'}
    0.744792 (0.027866) with: {'batch_size': 5, 'epochs': 150, 'init': 'uniform', 'optimizer': 'adam'}
    0.680990 (0.034401) with: {'batch_size': 5, 'epochs': 200, 'init': 'glorot_uniform', 'optimizer': 'rmsprop'}
    0.700521 (0.024774) with: {'batch_size': 5, 'epochs': 200, 'init': 'glorot_uniform', 'optimizer': 'adam'}
```

```
0.751302 (0.018136) with: {'batch_size': 5, 'epochs': 200, 'init': 'normal', 'optimizer': 'rmsprop'}
0.750000 (0.037603) with: {'batch_size': 5, 'epochs': 200, 'init': 'normal', 'optimizer': 'adam'}
0.738281 (0.024910) with: {'batch_size': 5, 'epochs': 200, 'init': 'uniform', 'optimizer': 'rmsprop'}
0.738281 (0.013902) with: {'batch_size': 5, 'epochs': 200, 'init': 'uniform', 'optimizer': 'adam'}
0.602865 (0.081959) with: {'batch_size': 10, 'epochs': 50, 'init': 'glorot_uniform', 'optimizer': 'rmsprop'}
0.597656 (0.024910) with: {'batch_size': 10, 'epochs': 50, 'init': 'glorot_uniform', 'optimizer': 'adam'}
0.686198 (0.027126) with: {'batch_size': 10, 'epochs': 50, 'init': 'normal', 'optimizer': 'rmsprop'}
0.705729 (0.019488) with: {'batch_size': 10, 'epochs': 50, 'init': 'normal', 'optimizer': 'adam'}
0.709635 (0.008027) with: {'batch_size': 10, 'epochs': 50, 'init': 'uniform', 'optimizer': 'rmsprop'}
0.709635 (0.003683) with: {'batch_size': 10, 'epochs': 50, 'init': 'uniform', 'optimizer': 'adam'}
0.699219 (0.031412) with: {'batch_size': 10, 'epochs': 100, 'init': 'glorot_uniform', 'optimizer': 'rmsprop'}
0.683594 (0.016877) with: {'batch_size': 10, 'epochs': 100, 'init': 'glorot_uniform', 'optimizer': 'adam'}
0.721354 (0.010253) with: {'batch_size': 10, 'epochs': 100, 'init': 'normal', 'optimizer': 'rmsprop'}
0.697917 (0.012075) with: {'batch_size': 10, 'epochs': 100, 'init': 'normal', 'optimizer': 'adam'}
0.683594 (0.045218) with: {'batch_size': 10, 'epochs': 100, 'init': 'uniform', 'optimizer': 'rmsprop'}
0.713542 (0.011201) with: {'batch_size': 10, 'epochs': 100, 'init': 'uniform', 'optimizer': 'adam'}
0.658854 (0.030978) with: {'batch_size': 10, 'epochs': 150, 'init': 'glorot_uniform', 'optimizer': 'rmsprop'}
0.703125 (0.019401) with: {'batch_size': 10, 'epochs': 150, 'init': 'glorot_uniform', 'optimizer': 'adam'}
0.729167 (0.014382) with: {'batch_size': 10, 'epochs': 150, 'init': 'normal',
```

```
'optimizer': 'rmsprop'}
    0.733073 (0.023939) with: {'batch_size': 10, 'epochs': 150, 'init': 'normal',
'optimizer': 'adam'}
    0.736979 (0.028940) with: {'batch_size': 10, 'epochs': 150, 'init': 'uniform',
'optimizer': 'rmsprop'}
    0.735677 (0.014731) with: {'batch_size': 10, 'epochs': 150, 'init': 'uniform',
'optimizer': 'adam'}
    0.695313 (0.016877) with: {'batch_size': 10, 'epochs': 200, 'init': 'glorot_uniform',
'optimizer': 'rmsprop'}
    0.686198 (0.008027) with: {'batch_size': 10, 'epochs': 200, 'init': 'glorot_uniform',
'optimizer': 'adam'}
    0.742188 (0.042192) with: {'batch_size': 10, 'epochs': 200, 'init': 'normal',
'optimizer': 'rmsprop'}
    0.717448 (0.034104) with: {'batch_size': 10, 'epochs': 200, 'init': 'normal',
'optimizer': 'adam'}
    0.717448 (0.024774) with: {'batch_size': 10, 'epochs': 200, 'init': 'uniform',
'optimizer': 'rmsprop'}
    0.751302 (0.016367) with: {'batch_size': 10, 'epochs': 200, 'init': 'uniform',
'optimizer': 'adam'}
    0.679687 (0.011500) with: {'batch_size': 20, 'epochs': 50, 'init': 'glorot_uniform',
'optimizer': 'rmsprop'}
    0.669271 (0.038976) with: {'batch_size': 20, 'epochs': 50, 'init': 'glorot_uniform',
'optimizer': 'adam'}
    0.684896 (0.001841) with: {'batch_size': 20, 'epochs': 50, 'init': 'normal',
'optimizer': 'rmsprop'}
    0.680990 (0.010253) with: {'batch_size': 20, 'epochs': 50, 'init': 'normal',
'optimizer': 'adam'}
    0.669271 (0.038976) with: {'batch_size': 20, 'epochs': 50, 'init': 'uniform',
'optimizer': 'rmsprop'}
    0.657552 (0.039365) with: {'batch_size': 20, 'epochs': 50, 'init': 'uniform',
'optimizer': 'adam'}
    0.677083 (0.016367) with: {'batch_size': 20, 'epochs': 100, 'init': 'glorot_uniform',
'optimizer': 'rmsprop'}
    0.565104 (0.159483) with: {'batch_size': 20, 'epochs': 100, 'init': 'glorot_uniform',
'optimizer': 'adam'}
    0.712240 (0.015733) with: {'batch_size': 20, 'epochs': 100, 'init': 'normal',
'optimizer': 'rmsprop'}
```

```
0.688802 (0.022628) with: {'batch_size': 20, 'epochs': 100, 'init': 'normal', 'optimizer': 'adam'}
0.705729 (0.023073) with: {'batch_size': 20, 'epochs': 100, 'init': 'uniform', 'optimizer': 'rmsprop'}
0.716146 (0.009744) with: {'batch_size': 20, 'epochs': 100, 'init': 'uniform', 'optimizer': 'adam'}
0.695313 (0.041829) with: {'batch_size': 20, 'epochs': 150, 'init': 'glorot_uniform', 'optimizer': 'rmsprop'}
0.656250 (0.033603) with: {'batch_size': 20, 'epochs': 150, 'init': 'glorot_uniform', 'optimizer': 'adam'}
0.722656 (0.012758) with: {'batch_size': 20, 'epochs': 150, 'init': 'normal', 'optimizer': 'rmsprop'}
0.720052 (0.012075) with: {'batch_size': 20, 'epochs': 150, 'init': 'normal', 'optimizer': 'adam'}
0.726563 (0.003189) with: {'batch_size': 20, 'epochs': 150, 'init': 'uniform', 'optimizer': 'rmsprop'}
0.720052 (0.016367) with: {'batch_size': 20, 'epochs': 150, 'init': 'uniform', 'optimizer': 'adam'}
0.696615 (0.036272) with: {'batch_size': 20, 'epochs': 200, 'init': 'glorot_uniform', 'optimizer': 'rmsprop'}
0.697917 (0.010253) with: {'batch_size': 20, 'epochs': 200, 'init': 'glorot_uniform', 'optimizer': 'adam'}
0.735677 (0.017566) with: {'batch_size': 20, 'epochs': 200, 'init': 'normal', 'optimizer': 'rmsprop'}
0.738281 (0.038670) with: {'batch_size': 20, 'epochs': 200, 'init': 'normal', 'optimizer': 'adam'}
0.733073 (0.016053) with: {'batch_size': 20, 'epochs': 200, 'init': 'uniform', 'optimizer': 'rmsprop'}
0.744792 (0.025780) with: {'batch_size': 20, 'epochs': 200, 'init': 'uniform', 'optimizer': 'adam'}

Process finished with exit code 0
```

7 多分类实例：鸢尾花分类

在第 3 章中的第一个 Keras 例子是一个二分类问题。本章将会介绍一个多分类问题的实例，例子中使用鸢尾花数据集。这个数据集可以从 UCI 机器学习仓库下载（http://archive.ics.uci.edu/ml/datasets/Iris）。本章中会直接使用 Scikit-Learn 中提供的数据集，而不是从 UCI 下载数据。需要注意的是，在深度学习中要求数据全部都是数值，使用 UCI 提供的数据集时，由于三个分类的类别都是文本，因此需要进行转换。

7.1 问题分析

鸢尾花数据集在机器学习中是非常有名的，也是一个很好的可以用在神经网络方面的例子。数据集具有 4 个数值型输入项目，并且数值具有相同的尺度，输出项目是鸢尾花的 3 个子类。在 Scikit-Learn 中提供的数据集，直接将这 3 个分类转换成数值型，不需要对数据进行编码转换。

鸢尾花数据集已经被很好地研究过，可以期待模型的准确度达到 95%～97%，这也是通过这个数据集实践深度学习的一个目标。

7.2 导入数据

本章使用 Scikit-Learn 中提供的数据集，因此数据的导入非常简单，并且省略了数据预处理的过程。UCI 提供的数据集中的分类是文本数据，如果使用 UCI 提供的数据文件，可以使用 Pandas 的 read_csv()函数导入数据，并使用 Scikit-Learn 的 LabelEncoder 将类别文本编辑成数值。在导入数据之前，先导入在本实例中使用的所有类库，并设定随机数种子，代码如下：

```
from sklearn import datasets
import numpy as np
from keras.models import Sequential
from keras.layers import Dense
from keras.wrappers.scikit_learn import KerasClassifier
from sklearn.model_selection import cross_val_score
from sklearn.model_selection import KFold

# 导入数据
dataset = datasets.load_iris()

x = dataset.data
Y = dataset.target

# 设定随机数种子
seed = 7
np.random.seed(seed)
```

7.3 定义神经网络模型

在第 6 章已经介绍过，Keras 类库提供了包装类，可以借助 Scikit-Learn 机器学习类库，更加简洁地开发神经网络模型。Keras 中的包装类 KerasClassifier 是用来包装分类问题的神经网络模型的，借助 KerasClassifier 可以将神经网络模型封装为 Scikit-Learn 的基本模型，并使用 Scikit-Learn 的评估函数、k 折交叉验证等，来方便简洁地评估模型。

下面针对鸢尾花分类问题创建神经网络的函数功能。它创建一个简单的全连接网络，包括一个输入层（有 4 个输入神经元）、两个隐藏层和一个输出层（多分类问题的输出层通常具有与分类类别相同的神经元个数，在这里包含 3 个神经元）。第一个隐藏层包含 4 个神经元，与输入层的神经元一致（它可以是任意数量的神经元），隐藏层使用 ReLU 激活函数，这是一个在多层神经网络中被证明非常有效的激活函数。第二个隐藏层包含 6 个神经元，同样使用 ReLU 激活函数。输出层有 3 个神经元，采用 softmax 作为激活函数，通过 softmax 激活函数来输出网络预测每个类值的概率，选择具有最高概率的输出，可用于产生清晰的分类值。这个简单的神经网络的拓扑结构可概括为图 7-1。

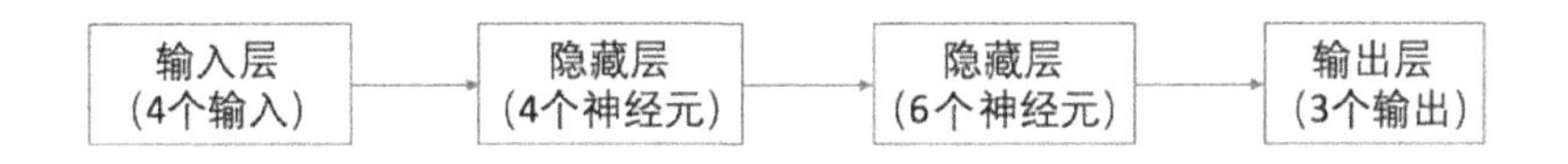

图 7-1

注意，采用 Adam 作为优化器，Adam 是一种在深度学习模型中用来替换随机梯度下降的优化算法。Adam 的调参相对简单，默认参数就可以处理绝大部分的问题，并且使用在 Keras 中称为分类交叉熵的对数损失函数，代码如下：

```
# 构建模型函数
def create_model(optimizer='adam', init='glorot_uniform'):
    # 构建模型
    model = Sequential()
    model.add(Dense(units=4, activation='relu', input_dim=4,
kernel_initializer=init))
    model.add(Dense(units=6, activation='relu', kernel_initializer=init))
    model.add(Dense(units=3, activation='softmax', kernel_initializer=init))

    # 编译模型
    model.compile(loss='categorical_crossentropy', optimizer=optimizer,
metrics=['accuracy'])

    return model
```

创建 Scikit-Learn 的分类模型包装类 KerasClassifier，使用 Scikit-Learn 的方法简化对

模型进行评估的复杂度。在构造 KerasClassifier 类时可以传递参数，该类将传递这些参数给内部用于训练神经网络的 fit()函数。在这里设置 epochs 为 200、batch_size 为 5，并设置 verbose 为 0 来关闭模型训练过程中的 log 输出。

```
model = KerasClassifier(build_fn=create_model, epochs=200, batch_size=5,
verbose=0)
```

7.4 评估模型

神经网络模型已经配置并编译完成，接下来需要评估神经网络模型，确定模型的性能是否达到预定目标。Scikit-Learn 中提供了一系列用于评估模型性能的方法，借助这些方法可以简化对神经网络模型性能评估的复杂度。评估机器学习模型的黄金标准是 k 折交叉验证。首先定义模型评估程序，在这里将 k 定义为 10，并在分割数据之前对数据进行随机乱序排列；然后就可以使用 10 折交叉验证来评估已经定义完成的神经网络模型，并打印评估结果。

```
kfold = KFold(n_splits=10, shuffle=True, random_state=seed)
results = cross_val_score(model, x, Y, cv=kfold)
print('Accuracy: %.2f%% (%.2f)' % (results.mean()*100, results.std()))
```

7.5 汇总代码

已经完成了对鸢尾花分类模型的构建工作，接下来需要执行代码，看看是否达到了预定的目标，下面给出完整的代码并运行，代码如下：

```
from sklearn import datasets
import numpy as np
from keras.models import Sequential
from keras.layers import Dense
from keras.wrappers.scikit_learn import KerasClassifier
from sklearn.model_selection import cross_val_score
from sklearn.model_selection import KFold
```

```
# 导入数据
dataset = datasets.load_iris()

x = dataset.data
Y = dataset.target

# 设定随机数种子
seed = 7
np.random.seed(seed)

# 构建模型函数
def create_model(optimizer='adam', init='glorot_uniform'):
    # 构建模型
    model = Sequential()
    model.add(Dense(units=4, activation='relu', input_dim=4,
kernel_initializer=init))
    model.add(Dense(units=6, activation='relu', kernel_initializer=init))
    model.add(Dense(units=3, activation='softmax', kernel_initializer=init))

    # 编译模型
    model.compile(loss='categorical_crossentropy', optimizer=optimizer,
metrics=['accuracy'])

    return model


model = KerasClassifier(build_fn=create_model, epochs=200, batch_size=5,
verbose=0)
kfold = KFold(n_splits=10, shuffle=True, random_state=seed)
results = cross_val_score(model, x, Y, cv=kfold)
print('Accuracy: %.2f%% (%.2f)' % (results.mean()*100, results.std()))
```

因为，鸢尾花的数据集只用 150 条记录，神经网络的训练时间开销非常小，这个执行过程大概需要 1 分钟，执行结果如下：

```
Accuracy: 96.67% (0.04)
```

虽然，这只是一个简单的多层感知器模型，但是准确度达到了 96.67%。这已经是一个非常高的成绩了，充分证明了神经网络模型的优势。

8 回归问题实例：波士顿房价预测

上一章介绍了多分类问题的模型，在机器学习的常见问题中还有一类是回归问题，本章将介绍一个回归问题的实例。回归问题是用来预测趋势的一类问题，如价格预测、乘客人数预测等。在这里将使用波士顿房屋价格数据集来演示如何分析这类问题。

8.1 问题描述

在这个项目中将会分析研究波士顿房价（Boston House Price）数据集。这个数据集中的每一行数据都是对波士顿周边或城镇房价的描述。数据是1978年统计收集的，包含以下14个特征和506条数据。

- CRIM：城镇人均犯罪率。
- ZN：住宅用地所占比例。
- INDUS：城镇中非住宅用地所占比例。

- CHAS：虚拟变量，用于回归分析。
- NOX：环保指数。
- RM：每栋住宅的房间数。
- AGE：1940 年以前建成的自住单位的比例。
- DIS：距离 5 个波士顿的就业中心的加权距离。
- RAD：距离高速公路的便利指数。
- TAX：每一万美元的不动产税率。
- PTRATIO：城镇中教师和学生的比例。
- B：城镇中黑人的比例。
- LSTAT：地区中有多少房东属于低收入人群。
- MEDV：自住房屋房价中位数。

通过这些特征属性的描述，可以发现输入数据的度量单位是不统一的，需要对数据进行尺度调整，以便提高模型的准确度。在这个实例中，同样会使用 Scikit-Learn 中提供的数据集进行模型的训练与评估。

8.2 构建基准模型

在这个示例中，首先建立一个简单神经网络模型，并将其作为模型改进的基准，每次模型的改进，都是以提高基准模型的性能为基础的。项目先从导入所有需要的函数和对象开始，代码如下：

```
from sklearn import datasets
import numpy as np
from keras.models import Sequential
from keras.layers import Dense
from keras.wrappers.scikit_learn import KerasRegressor
from sklearn.model_selection import cross_val_score
from sklearn.model_selection import KFold
from sklearn.preprocessing import StandardScaler
from sklearn.pipeline import Pipeline
from sklearn.model_selection import GridSearchCV
```

因为使用 Scikit-Learn 中提供的数据集，因此数据的导入非常简单。导入数据后应设定随机数种子，以便重复构建模型，并得到相同的结果，代码如下：

```
# 导入数据
dataset = datasets.load_boston()

x = dataset.data
Y = dataset.target

# 设定随机数种子
seed = 7
np.random.seed(seed)
```

创建 Keras 模型后，使用包装类来封装模型，并通过 Scikit-Learn 评估模型。因为 Scikit-Learn 具有完善的评估模型的方法，可以使用少量的代码实现数据准备和对模型进行评估。Keras 包装类需要一个函数作为参数，因此必须定义并使用这个函数创建神经网络模型。

在这里将定义一个通用函数，函数具有默认值，默认值将作为构建基准模型的参数，所有的改进都基于这个基准模型。基准模型是一个简单的模型，具有与输入维度相同数量的神经元的单层完全连接的隐藏层（具有 13 个神经元），隐藏层采用 ReLU 激活函数。因为这是一个回归问题，不需要将预测结果进行分类转换，所以输出层不设置激活函数，直接输出数值。

编译模型时，采用 Adam 优化器，均方误差（MSE）作为损失函数。同时采用相同的均方误差来评估模型的性能，值越小代表模型的性能越好。在通常的机器学习中，对于波士顿房屋价格这个问题的均方误差可以达到 14 左右，期待在神经网络模型中最终可以调优到 10 左右，代码如下：

```
# 构建模型函数
def create_model(units_list=[13],optimizer='adam', init='normal'):
    # 构建模型
    model = Sequential()

    # 构建第一个隐藏层和输入层
    units = units_list[0]
```

```
    model.add(Dense(units=units, activation='relu', input_dim=13,
kernel_initializer=init))
    # 构建更多的隐藏层
    for units in units_list[1:]:
        model.add(Dense(units=units, activation='relu',
kernel_initializer=init))

    model.add(Dense(units=1, kernel_initializer=init))

    # 编译模型
    model.compile(loss='mean_squared_error', optimizer=optimizer)

    return model
```

用于 Scikit-Learn 回归模型的包装类是 KerasRegressor。创建一个实例，并使用自定义的模型创建函数和神经网络模型，将必需参数传递给模型的 fit()函数，如 epochs 和 batch_size，代码如下：

```
model = KerasRegressor(build_fn=create_model, epochs=200, batch_size=5,
verbose=0)
```

最后采用 10 折交叉验证来评估这个简单的神经网络模型，代码如下：

```
# 设置算法评估基准
kfold = KFold(n_splits=10, shuffle=True, random_state=seed)
results = cross_val_score(model, x, Y, cv=kfold)
print('Baseline: %.2f (%.2f) MSE' % (results.mean(), results.std()))
```

基本模型已经构建完成，执行上述代码，得到一个基准神经网络模型的性能评估结果，执行结果如下：

```
Baseline: 22.77 (11.57) MSE
```

8.3 数据预处理

波士顿房屋价格数据集的一个重要问题是输入属性的尺度不同。因此在使用神经网络模型进行建模之前，对数据进行预处理是很好的做法。基于上述基准模型，先对输入数据集进行标准化处理，然后重新评估相同的模型。

在模型评估过程中使用 Scikit-Learn 中的 Pipeline 框架，便于在交叉验证的每一个折中执行数据标准化处理。下面的代码创建了一个 Scikit-Learn 的 Pipeline，首先标准化数据集，然后创建和评估基线神经网络模型，代码如下：

```
# 数据标准化，改进算法
steps = []
steps.append(('standardize', StandardScaler()))
steps.append(('mlp', model))
pipeline = Pipeline(steps)
kfold = KFold(n_splits=10, shuffle=True, random_state=seed)
results = cross_val_score(pipeline, x, Y, cv=kfold)
print('Standardize: %.2f (%.2f) MSE' % (results.mean(), results.std()))
```

执行上述代码，可以看到执行结果得到了大幅改善，执行结果如下：

```
Standardize: 12.33 (6.96) MSE
```

8.4 调参隐藏层和神经元

针对神经网络模型，有许多方法可以优化模型，最有效的方法应该是调整网络拓扑结构，包括层数和每层神经元数量。在设计 create_model 函数时，将网络层数和每层的神经元都定义成参数可控的设计，随后使用网格搜索算法对参数进行调参，以便选择最优的参数。在对网络拓扑进行调参时，将研究更深层次和更广泛的网络拓扑结构。网格搜索算法需要的计算开销非常大，与需要调参的参数个数和每个参数需要调参的个数有关系，上一章已经说明过，这里就不再赘述。在这里使用 Scikit-Learn 中的 GridSearchCV() 来调参整个神经网络的拓扑结构及神经元参数：epochs 和 batch_size，代码如下：

```
# 调参选择最优模型
param_grid = {}
param_grid['units_list'] = [[20], [13, 6]]
param_grid['optimizer'] = ['rmsprop', 'adam']
param_grid['init'] = ['glorot_uniform', 'normal']
param_grid['epochs'] = [100, 200]
```

```
param_grid['batch_size'] = [5, 20]

# 调参
scaler = StandardScaler()
scaler_x = scaler.fit_transform(x)
grid = GridSearchCV(estimator=model, param_grid=param_grid)
results = grid.fit(scaler_x, Y)

# 输出结果
print('Best: %f using %s' % (results.best_score_, results.best_params_))
means = results.cv_results_['mean_test_score']
stds = results.cv_results_['std_test_score']
params = results.cv_results_['params']

for mean, std, param in zip(means, stds, params):
    print('%f (%f) with: %r' % (mean, std, param))
```

在调参时设置了对网络拓扑的调参，以及对神经元数量的调参。因为参数比较多，执行时间比较长，这里利用阿里云的 CPU 进行计算，大概需要 30 分钟，这在神经网络模型的计算中是非常常见的。计算结果如下：

```
Best: 99.163545 using {'batch_size': 20, 'epochs': 100, 'init': 'normal', 'optimizer': 'rmsprop', 'units_list': [20]}
37.223335 (21.225069) with: {'batch_size': 5, 'epochs': 100, 'init': 'glorot_uniform', 'optimizer': 'rmsprop', 'units_list': [20]}
24.520587 (16.924204) with: {'batch_size': 5, 'epochs': 100, 'init': 'glorot_uniform', 'optimizer': 'rmsprop', 'units_list': [13, 6]}
47.928999 (35.420265) with: {'batch_size': 5, 'epochs': 100, 'init': 'glorot_uniform', 'optimizer': 'adam', 'units_list': [20]}
31.297193 (14.545927) with: {'batch_size': 5, 'epochs': 100, 'init': 'glorot_uniform', 'optimizer': 'adam', 'units_list': [13, 6]}
61.788972 (43.061900) with: {'batch_size': 5, 'epochs': 100, 'init': 'normal', 'optimizer': 'rmsprop', 'units_list': [20]}
52.367835 (47.342487) with: {'batch_size': 5, 'epochs': 100, 'init': 'normal', 'optimizer': 'rmsprop', 'units_list': [13, 6]}
37.894349 (14.279074) with: {'batch_size': 5, 'epochs': 100, 'init': 'normal', 'optimizer': 'adam', 'units_list': [20]}
```

```
35.446898 (19.422564) with: {'batch_size': 5, 'epochs': 100, 'init': 'normal', 'optimizer': 'adam', 'units_list': [13, 6]}
32.835877 (12.182628) with: {'batch_size': 5, 'epochs': 200, 'init': 'glorot_uniform', 'optimizer': 'rmsprop', 'units_list': [20]}
58.838361 (65.461285) with: {'batch_size': 5, 'epochs': 200, 'init': 'glorot_uniform', 'optimizer': 'rmsprop', 'units_list': [13, 6]}
85.901079 (93.948835) with: {'batch_size': 5, 'epochs': 200, 'init': 'glorot_uniform', 'optimizer': 'adam', 'units_list': [20]}
39.868868 (23.673833) with: {'batch_size': 5, 'epochs': 200, 'init': 'glorot_uniform', 'optimizer': 'adam', 'units_list': [13, 6]}
34.804783 (15.418731) with: {'batch_size': 5, 'epochs': 200, 'init': 'normal', 'optimizer': 'rmsprop', 'units_list': [20]}
31.380417 (16.605767) with: {'batch_size': 5, 'epochs': 200, 'init': 'normal', 'optimizer': 'rmsprop', 'units_list': [13, 6]}
54.854644 (44.738334) with: {'batch_size': 5, 'epochs': 200, 'init': 'normal', 'optimizer': '
```

可以看到，最优的参数是 batch_size 为 20，epochs 为 100，包含单个隐藏层的神经网络，当明确这些参数后，可以使用这些参数构建神经网络模型，读者可以自行构建并评估模型。

9 二分类实例：银行营销分类

前面的实例中介绍了多分类和回归问题的实现，本章将继续介绍一个二分类实例。这个例子使用 UCI 机器学习仓库中 Banking Marking 的数据集。数据集将直接从 UCI 机器学习仓库下载（http://archive.ics.uci.edu/ml/datasets/Bank+Marketing）。

9.1 问题描述

这些数据是葡萄牙银行机构电话营销活动的记录。通常与同一个客户会进行多次电话沟通，客户明确购买或不购买该产品的情况会被记录到这个数据集中。在这个项目中，分类的目标是基于现有的统计数据，分析客户是否会购买新的产品。在这里有两个数据集，一个包含所有示例，大约有 45000 多条记录；另一个是从所有示例中随机抽取 10% 的小数据集，有 4521 条记录。为了快速地演示这个项目，这里将采用这个小数据集。

这个数据集中的每条记录包含 16 个输入项目和一个输出项目。输出项目是 yes 或 no，表示客户明确购买或拒绝购买该产品，这是一个典型的二分类问题。数据项目描述如下。

（1）年龄。（数字）

（2）工作：工作类型。（分类：管理员，未知，失业者，经理，女佣，企业家，学生，蓝领，个体户，退休人员，技术人员，服务人员）

（3）婚姻：婚姻状况。（分类：已婚，离婚，单身。注：离婚指离异或丧偶）

（4）教育。（分类：未知，中学，小学，高中）

（5）默认值：是否具有信用？（二分类：是，否）

（6）余额：年均余额，单位为欧元。（数字）

（7）住房：有住房贷款？（二分类：是，否）

（8）贷款：有个人贷款？（二分类：是，否）

（9）联系人：联系方式。（分类：未知，固定电话号码，手机号码）

（10）天：最后一次联系日。（数字）

（11）月：最后一次联系的月份。（分类：Jan，Feb，Mar，...，Nov，Dec）

（12）持续时间：上次联系时间，以秒为单位。（数字）

（13）广告系列：在此广告系列和此客户的联系次数。（数字，包括上一个联系人）

（14）pdays：与客户上一次联系的间隔天数。（数字，-1 表示以前没有联系过）

（15）以前：此广告系列之前和此客户的联系次数。（数字）

（16）poutcome：以前的营销活动的结果。（分类：未知，其他，失败，成功）

（17）客户是否订阅了定期存款？（二分类：是，否）

9.2 数据导入与预处理

数据是从 UCI 机器学习仓库直接下载的，需要从 CSV 文件导入。在这里使用 Pandas 的 read_csv()函数来导入数据。在神经网络中要求所有的数据为数值类型，UCI 上的数据导入后需要进行预处理，将分类数据转化成数值。Pandas 是在机器学习领域非常强大的类库，提供了很多的数据处理方法，在这里直接使用 Pandas 提供的方法对数据进行转换处理。在开始数据处理之前，导入需要的类库，并设定随机数种子，代码如下：

```
import numpy as np
from keras.models import Sequential
from keras.layers import Dense
from keras.wrappers.scikit_learn import KerasClassifier
from sklearn.model_selection import cross_val_score
from sklearn.model_selection import KFold
from sklearn.preprocessing import StandardScaler
from sklearn.model_selection import GridSearchCV
from pandas import read_csv

# 导入数据并将分类转化为数字
dataset = read_csv('bank.csv', delimiter=';')
dataset['job'] = dataset['job'].replace(to_replace=['admin.', 'unknown',
'unemployed', 'management', 'housemaid', 'entrepreneur', 'student', 'blue-collar',
'self-employed', 'retired', 'technician', 'services'], value=[0, 1, 2, 3, 4, 5, 6,
7, 8, 9, 10, 11])
dataset['marital'] = dataset['marital'].replace(to_replace=['married',
'single', 'divorced'], value=[0, 1, 2])
dataset['education'] = dataset['education'].replace(to_replace=['unknown',
'secondary', 'primary', 'tertiary'], value=[0, 2, 1, 3])
dataset['default'] = dataset['default'].replace(to_replace=['no', 'yes'],
value=[0, 1])
dataset['housing'] = dataset['housing'].replace(to_replace=['no', 'yes'],
value=[0, 1])
dataset['loan'] = dataset['loan'].replace(to_replace=['no', 'yes'], value=[0, 1])
dataset['contact'] = dataset['contact'].replace(to_replace=['cellular',
'unknown', 'telephone'], value=[0, 1, 2])
dataset['poutcome'] = dataset['poutcome'].replace(to_replace=['unknown',
'other', 'success', 'failure'], value=[0, 1, 2, 3])
dataset['month'] = dataset['month'].replace(to_replace=['jan', 'feb', 'mar',
'apr', 'may', 'jun', 'jul', 'aug', 'sep', 'oct', 'nov', 'dec'], value=[1, 2, 3, 4, 5,
6, 7, 8, 9, 10, 11, 12])
```

```
dataset['y'] = dataset['y'].replace(to_replace=['no', 'yes'], value=[0, 1])

# 分离输入与输出
array = dataset.values
x = array[:, 0:16]
Y = array[:, 16]

# 设置随机数种子
seed = 7
np.random.seed(seed)
```

对数据格式的转换，在实际的项目应用中是非常常见的。使用 Pandas 来对数据进行预处理非常方便，在这里仅将分类数据转化为数值，也许进一步进行 one-hot 编码，能够提高模型的准确度。

9.3 构建基准模型

为了简化模型评估工作，在这里采用 Scikit-Learn 中的方法来评估神经网络模型。先使用 Keras 创建神经网络模型，并使用包装类来包装模型，然后通过 Scikit-Learn 来评估模型。Keras 包装类需要一个函数作为参数，因此必须定义这个函数来构建神经网络模型。

在这里将定义一个通用函数来构建神经网络模型，函数具有默认值，默认值将作为生成基准模型的参数，所有的改进都将基于这个基准模型。基准模型是一个简单的模型，具有单层，且与输入属性相同数量神经元的全连接的隐藏层（具有 16 个神经元），隐藏层采用 ReLU 激活函数。因为这是一个二分类问题，输出层只需要定义一个神经元并使用 sigmoid 作为激活函数。在优化神经网络拓扑结构时，通常会先从隐藏层的神经元个数与层数开始，然后逐步验证，直到找到满意的网络拓扑结构。

编译模型时，采用 Adam 优化算法，binary_crossentropy 作为损失函数，同时采用准确度来评估模型的性能，代码如下：

```
# 构建模型函数
def create_model(units_list=[16], optimizer='adam', init='normal'):
```

```
    # 构建模型
    model = Sequential()

    # 构建第一个隐藏层和输入层
    units = units_list[0]
    model.add(Dense(units=units, activation='relu', input_dim=16,
kernel_initializer=init))
    # 构建更多隐藏层
    for units in units_list[1:]:
        model.add(Dense(units=units, activation='relu',
kernel_initializer=init))

    model.add(Dense(units=1, activation='sigmoid', kernel_initializer=init))

    # 编译模型
    model.compile(loss='binary_crossentropy', optimizer=optimizer,
metrics=['accuracy'])

    return model
```

用于 Scikit-Learn 分类模型的 Keras 包装类是 KerasClassifier。创建一个实例，使用自定义的模型创建函数，来创建神经网络模型及一些必需参数传递给模型的 fit()函数，如 epochs 和 batch_size，代码如下：

```
model = KerasClassifier(build_fn=create_model, epochs=200, batch_size=5,
verbose=0)
```

采用 10 折交叉验证来评估这个简单的神经网络模型，代码如下：

```
kfold = KFold(n_splits=10, shuffle=True, random_state=seed)
results = cross_val_score(model, x, Y, cv=kfold)
print('Accuracy: %.2f%% (%.2f)' % (results.mean() * 100, results.std()))
```

到这里一个基本的多层感知器的神经网络模型就构建完成了，接下来运行代码，看一下基准模型的运行结果。执行结果如下：

```
Accuracy: 88.50% (0.01)
```

9.4 数据格式化

在建模之前对数据格式化是一个很好的做法，神经网络模型特别适用于在规模和分布上具有一致性的输入值。构建神经网络模型时，对数据进行标准化处理是一种很好的数据准备方法。数据标准化是对数据进行缩放，使每个属性的平均值为 0，标准偏差为 1，且使数据保持高斯分布，同时对每个属性的中心倾向进行规范化。因为数据标准化后符合高斯分布，所以又叫作数据正态化。

Scikit-Learn 中提供了 StandardScaler 类对数据进行标准化处理，在这里通过 StandardScaler 来对数据进行标准化。首先对整个数据集执行标准化，而不是在交叉验证运行的过程中训练数据的标准化程序，然后采用 10 折交叉验证来评估神经网络模型的性能，代码如下：

```
new_x = StandardScaler().fit_transform(x)
kfold = KFold(n_splits=10, shuffle=True, random_state=seed)
results = cross_val_score(model, new_x, Y, cv=kfold)
print('Accuracy: %.2f%% (%.2f)' % (results.mean() * 100, results.std()))
```

数据标准化处理后，重新对模型进行评估，模型的准确度有了一定程度的提升。执行结果如下：

```
Accuracy: 89.40% (0.01)
```

9.5 调参网络拓扑图

针对神经网络模型的优化，最有效的方法是优化网络本身的拓扑结构，包括隐藏层的层数和每层神经元数量。在设计 create_model 函数时，将网络层数和每层的神经元都定义成参数可控的设计，目的就是能够通过网格搜索算法来选择最优参数。在对网络拓扑进行调参时，将研究更深层次和更广泛的网络拓扑结构。网格搜索算法需要的计算开销非常大，开销与需要调参的参数个数和每个参数需要调参的个数有关，前面已经说明过，这里就不再赘述。使用 Scikit-Learn 中的 GridSearchCV()函数来对整个神经网络的拓扑结构调参，代码如下：

```
# 选择最优模型
param_grid = {}
param_grid['units_list'] = [[16], [30], [16, 8], [30, 8]]
# 调参
grid = GridSearchCV(estimator=model, param_grid=param_grid)
results = grid.fit(new_x, Y)

# 输出结果
print('Best: %f using %s' % (results.best_score_, results.best_params_))
means = results.cv_results_['mean_test_score']
stds = results.cv_results_['std_test_score']
params = results.cv_results_['params']

for mean, std, param in zip(means, stds, params):
    print('%f (%f) with: %r' % (mean, std, param))
```

调参时也对数据做了标准化处理，执行结果显示，只有一个隐藏层且神经元个数为16时，神经网络的性能最好。执行结果如下：

```
Best: 0.888741 using {'units_list': [16]}
0.888741 (0.003607) with: {'units_list': [16]}
0.881442 (0.002190) with: {'units_list': [30]}
0.875028 (0.009483) with: {'units_list': [16, 8]}
0.885202 (0.006591) with: {'units_list': [30, 8]}
```

10

多层感知器进阶

通常，训练神经网络模型需要花费数天甚至数月的时间。因此，如何对模型进行序列化和反序列化是非常重要的。在训练神经网络的过程中，自动保存最优模型，并将整个训练过程可视化，有助于选择最合适的网络参数。

在 Keras 中，对模型进行序列化时，会将模型结果和模型权重保存在不同的文件中。模型权重通常保存在 HDF 5 中，模型的结构可以保存在 JSON 文件或 YAML 文件中。HDF 5 格式的文件可以非常方便地存储数组结构的数据。为了使用 HDF 5 来保存模型的权重，需要先安装 HDF 5。在这里使用 pip 来管理安装包，安装命令如下：

```
pip3 install h5py
```

10.1 JSON 序列化模型

JSON 是一种轻量级的数据交换格式。它基于 ECMAScript 规范，采用完全独立于编程语言的文本格式来存储和表示数据，具有简洁、清晰的层次结构，使 JSON 易于阅读和编写，同时也易于机器解析和生成 JSON 文件。Keras 提供了 to_json()函数生成模型的 JSON 描述，并将模型的 JSON 描述保存到文件中。反序列化时，通过 model_from_json()

函数加载 JSON 描述，并编译生成模型，从而可以将模型部署到生产环境，并使用模型对新数据进行预测。

使用 save_weights()函数可以保存模型的权重值，并在加载模型时使用 load_weights()函数加载模型的权重信息。下面的例子中使用鸢尾花数据集训练一个神经网络模型，使用 JSON 格式描述模型的结构，并将其保存到本地目录中的 model.json 文件中，权重信息保存到本地目录中的 model.json.h5 文件中。

当有新数据需要预测时，从保存的文件加载模型和权重信息，并创建一个新的模型。通过加载模型的方式建立新的模型后，必须先编译模型，然后使用加载后的模型对新数据进行预测。如果使用相同的评估方式来评估从文件加载的模型，可以得到与模型建立时相同的结果，代码如下：

```
from sklearn import datasets
import numpy as np
from keras.models import Sequential
from keras.layers import Dense
from keras.utils import to_categorical
from keras.models import model_from_json


# 导入数据
dataset = datasets.load_iris()

x = dataset.data
Y = dataset.target

# 将标签转换成分类编码
Y_labels = to_categorical(Y, num_classes=3)

# 设定随机数种子
seed = 7
np.random.seed(seed)
# 构建模型函数
def create_model(optimizer='rmsprop', init='glorot_uniform'):
```

```
    # 构建模型
    model = Sequential()
    model.add(Dense(units=4, activation='relu', input_dim=4,
kernel_initializer=init))
    model.add(Dense(units=6, activation='relu', kernel_initializer=init))
    model.add(Dense(units=3, activation='softmax', kernel_initializer=init))

    # 编译模型
    model.compile(loss='categorical_crossentropy', optimizer=optimizer,
metrics=['accuracy'])

    return model

# 构建模型
model = create_model()
model.fit(x, Y_labels, epochs=200, batch_size=5, verbose=0)

scores = model.evaluate(x, Y_labels, verbose=0)
print('%s: %.2f%%' % (model.metrics_names[1], scores[1] * 100))

# 将模型保存成 JSON 文件
model_json = model.to_json()
with open('model.json', 'w') as file:
    file.write(model_json)

# 保存模型的权重值
model.save_weights('model.json.h5')


# 从 JSON 文件中加载模型
with open('model.json', 'r') as file:
    model_json = file.read()

# 加载模型
new_model = model_from_json(model_json)
new_model.load_weights('model.json.h5')
```

```
# 编译模型
new_model.compile(loss='categorical_crossentropy', optimizer='rmsprop',
metrics=['accuracy'])

# 评估从 JSON 文件中加载的模型
scores = new_model.evaluate(x, Y_labels, verbose=0)
print('%s: %.2f%%' % (model.metrics_names[1], scores[1] * 100))
```

执行代码会得到两次完全相同的评估结果，结果如下：

```
acc: 97.33%
acc: 97.33%
```

同时在同级目录下生成了 JSON 文件和 HDF 5 文件。JSON 文件内容如下：


```
{
  "class_name": "Sequential",
  "config": [
    {
      "class_name": "Dense",
      "config": {
        "name": "dense_1",
        "trainable": true,
        "batch_input_shape": [
          null,
          4
        ],
        "dtype": "float32",
        "units": 4,
        "activation": "relu",
        "use_bias": true,
        "kernel_initializer": {
          "class_name": "VarianceScaling",
          "config": {
            "scale": 1.0,
            "mode": "fan_avg",
            "distribution": "uniform",
            "seed": null
          }
```

```
        },
        "bias_initializer": {
          "class_name": "Zeros",
          "config": {}
        },
        "kernel_regularizer": null,
        "bias_regularizer": null,
        "activity_regularizer": null,
        "kernel_constraint": null,
        "bias_constraint": null
      }
    },
    {
      "class_name": "Dense",
      "config": {
        "name": "dense_2",
        "trainable": true,
        "units": 6,
        "activation": "relu",
        "use_bias": true,
        "kernel_initializer": {
          "class_name": "VarianceScaling",
          "config": {
            "scale": 1.0,
            "mode": "fan_avg",
            "distribution": "uniform",
            "seed": null
          }
        },
        "bias_initializer": {
          "class_name": "Zeros",
          "config": {}
        },
        "kernel_regularizer": null,
        "bias_regularizer": null,
        "activity_regularizer": null,
        "kernel_constraint": null,
```

```
            "bias_constraint": null
          }
        },
        {
          "class_name": "Dense",
          "config": {
            "name": "dense_3",
            "trainable": true,
            "units": 3,
            "activation": "softmax",
            "use_bias": true,
            "kernel_initializer": {
              "class_name": "VarianceScaling",
              "config": {
                "scale": 1.0,
                "mode": "fan_avg",
                "distribution": "uniform",
                "seed": null
              }
            },
            "bias_initializer": {
              "class_name": "Zeros",
              "config": {}
            },
            "kernel_regularizer": null,
            "bias_regularizer": null,
            "activity_regularizer": null,
            "kernel_constraint": null,
            "bias_constraint": null
          }
        }
      ],
      "keras_version": "2.0.8",
      "backend": "theano"
    }
```

10.2 YAML 序列化模型

YAML 是“另一种标记语言”的英文缩写，但为了强调这种语言是以数据为中心，而不是以标签为重点，因此用 YAML 来命名。YAML 是一种能够被电脑识别的直观的数据序列化格式，是一种可读性高且易阅读、易与脚本语言交互、用来表达数据序列的描述语言。

此示例与上述 JSON 示例大致相同，但是采用 YAML 格式来描述模型。下面的示例直接使用模型的 to_yaml() 函数，将模型保存到文件 model.yaml 中，并通过 model_from_yaml()函数来加载模型。权重的处理依然采用 HDF 5 格式，保存为 model.yaml.h5 文件，代码如下：

```
from sklearn import datasets
import numpy as np
from keras.models import Sequential
from keras.layers import Dense
from keras.utils import to_categorical
from keras.models import model_from_yaml


# 导入数据
dataset = datasets.load_iris()

x = dataset.data
Y = dataset.target

# 将标签转换成分类编码
Y_labels = to_categorical(Y, num_classes=3)

# 设定随机数种子
seed = 7
np.random.seed(seed)
# 构建模型函数
def create_model(optimizer='rmsprop', init='glorot_uniform'):
    # 构建模型
```

```
    model = Sequential()
    model.add(Dense(units=4, activation='relu', input_dim=4,
kernel_initializer=init))
    model.add(Dense(units=6, activation='relu', kernel_initializer=init))
    model.add(Dense(units=3, activation='softmax', kernel_initializer=init))

    # 编译模型
    model.compile(loss='categorical_crossentropy', optimizer=optimizer,
metrics=['accuracy'])

    return model

# 构建模型
model = create_model()
model.fit(x, Y_labels, epochs=200, batch_size=5, verbose=0)

scores = model.evaluate(x, Y_labels, verbose=0)
print('%s: %.2f%%' % (model.metrics_names[1], scores[1] * 100))

# 将模型保存成 YAML 文件
model_yaml = model.to_yaml()
with open('model.yaml', 'w') as file:
    file.write(model_yaml)

# 保存模型的权重值
model.save_weights('model.yaml.h5')

# 从 YAML 文件中加载模型
with open('model.yaml', 'r') as file:
    model_json = file.read()

# 加载模型
new_model = model_from_yaml(model_json)
new_model.load_weights('model.yaml.h5')

# 编译模型
```

```
    new_model.compile(loss='categorical_crossentropy', optimizer='rmsprop',
metrics=['accuracy'])

    # 评估从 YAML 加载的模型
    scores = new_model.evaluate(x, Y_labels, verbose=0)
    print('%s: %.2f%%' % (model.metrics_names[1], scores[1] * 100))
```

这段代码与使用 JSON 来序列化模型区别不大，执行后同样生成 YAML 文件和 HDF 5 文件。执行结果如下：

```
acc: 97.33%
acc: 97.33%
```

在同级目录下生成的 YAML 格式的模型描述文件内容如下：


```
backend: theano
class_name: Sequential
config:
- class_name: Dense
  config:
    activation: relu
    activity_regularizer: null
    batch_input_shape: !!python/tuple [null, 4]
    bias_constraint: null
    bias_initializer:
      class_name: Zeros
      config: {}
    bias_regularizer: null
    dtype: float32
    kernel_constraint: null
    kernel_initializer:
      class_name: VarianceScaling
      config: {distribution: uniform, mode: fan_avg, scale: 1.0, seed: null}
    kernel_regularizer: null
    name: dense_1
    trainable: true
    units: 4
    use_bias: true
```

```
- class_name: Dense
  config:
    activation: relu
    activity_regularizer: null
    bias_constraint: null
    bias_initializer:
      class_name: Zeros
      config: {}
    bias_regularizer: null
    kernel_constraint: null
    kernel_initializer:
      class_name: VarianceScaling
      config: {distribution: uniform, mode: fan_avg, scale: 1.0, seed: null}
    kernel_regularizer: null
    name: dense_2
    trainable: true
    units: 6
    use_bias: true
- class_name: Dense
  config:
    activation: softmax
    activity_regularizer: null
    bias_constraint: null
    bias_initializer:
      class_name: Zeros
      config: {}
    bias_regularizer: null
    kernel_constraint: null
    kernel_initializer:
      class_name: VarianceScaling
      config: {distribution: uniform, mode: fan_avg, scale: 1.0, seed: null}
    kernel_regularizer: null
    name: dense_3
    trainable: true
    units: 3
    use_bias: true
keras_version: 2.0.8
```

10.3 模型增量更新

为了保证模型的时效性，需要定期对模型进行更新，这个时间间隔通常是 3 ~ 6 个月，甚至 1 ~ 2 个月。在数据量非常大时，若每次采用全部数据去重新训练模型，则时间开销非常大，因此可以采用增量更新模型的方式对模型进行训练。对于时间序的预测，增量更新相当于默认给最新的数据增加了权重，模型的准确度相对会比较好。在实际的应用当中，如果采用增量更新模型，需要做与全量更新的对比实验，以确保增量更新的可行性。

在这里使用鸢尾花数据集，将数据集分成基本训练数据集和增量训练数据集。采用基本数据集训练完模型后，先序列化模型，然后重新导入模型并进行增量训练。完整代码如下：

```
from sklearn import datasets
import numpy as np
from keras.models import Sequential
from keras.layers import Dense
from keras.utils import to_categorical
from keras.models import model_from_json
from sklearn.model_selection import train_test_split

# 设定随机数种子
seed = 7
np.random.seed(seed)

# 导入数据
dataset = datasets.load_iris()

x = dataset.data
Y = dataset.target


x_train, x_increment, Y_train, Y_increment = train_test_split(x, Y, test_size=0.2,
random_state=seed)
```

```
# 将标签转换成分类编码
Y_train_labels = to_categorical(Y_train, num_classes=3)


# 构建模型函数
def create_model(optimizer='rmsprop', init='glorot_uniform'):
    # 构建模型
    model = Sequential()
    model.add(Dense(units=4, activation='relu', input_dim=4,
kernel_initializer=init))
    model.add(Dense(units=6, activation='relu', kernel_initializer=init))
    model.add(Dense(units=3, activation='softmax', kernel_initializer=init))

    # 编译模型
    model.compile(loss='categorical_crossentropy', optimizer=optimizer,
metrics=['accuracy'])

    return model

# 构建模型
model = create_model()
model.fit(x_train, Y_train_labels, epochs=10, batch_size=5, verbose=2)

scores = model.evaluate(x_train, Y_train_labels, verbose=0)
print('Base %s: %.2f%%' % (model.metrics_names[1], scores[1] * 100))

# 将模型保存成 JSON 文件
model_json = model.to_json()
with open('model.increment.json', 'w') as file:
    file.write(model_json)

# 保存模型的权重值
model.save_weights('model.increment.json.h5')


# 从 JSON 文件中加载模型
with open('model.increment.json', 'r') as file:
```

```
    model_json = file.read()

    # 加载模型
    new_model = model_from_json(model_json)
    new_model.load_weights('model.increment.json.h5')

    # 编译模型
    new_model.compile(loss='categorical_crossentropy', optimizer='rmsprop',
metrics=['accuracy'])

    # 增量训练模型
    # 将标签转换成分类编码
    Y_increment_labels = to_categorical(Y_increment, num_classes=3)
    new_model.fit(x_increment, Y_increment_labels, epochs=10, batch_size=5,
verbose=2)
    scores = new_model.evaluate(x_increment, Y_increment_labels, verbose=0)
    print('Increment %s: %.2f%%' % (model.metrics_names[1], scores[1] * 100))
```

执行上述代码可以看到，基本数据集训练完后，模型的准确度是 80.00%，增量模型训练完后的准确度是 86.67%。执行结果如下：

```
Epoch 1/10
0s - loss: 1.0142 - acc: 0.4000
Epoch 2/10
0s - loss: 0.9718 - acc: 0.4750
Epoch 3/10
0s - loss: 0.9392 - acc: 0.5500
Epoch 4/10
0s - loss: 0.9055 - acc: 0.5833
Epoch 5/10
0s - loss: 0.8717 - acc: 0.5833
Epoch 6/10
0s - loss: 0.8308 - acc: 0.6000
Epoch 7/10
0s - loss: 0.7889 - acc: 0.5500
Epoch 8/10
0s - loss: 0.7532 - acc: 0.5083
```

```
Epoch 9/10
0s - loss: 0.7270 - acc: 0.5250
Epoch 10/10
0s - loss: 0.7056 - acc: 0.7667
Base acc: 80.00%
Epoch 1/10
0s - loss: 0.8125 - acc: 0.7333
Epoch 2/10
0s - loss: 0.8040 - acc: 0.7333
Epoch 3/10
0s - loss: 0.7975 - acc: 0.7333
Epoch 4/10
0s - loss: 0.7924 - acc: 0.7333
Epoch 5/10
0s - loss: 0.7896 - acc: 0.7667
Epoch 6/10
0s - loss: 0.7845 - acc: 0.7667
Epoch 7/10
0s - loss: 0.7796 - acc: 0.8333
Epoch 8/10
0s - loss: 0.7755 - acc: 0.8667
Epoch 9/10
0s - loss: 0.7713 - acc: 0.8667
Epoch 10/10
0s - loss: 0.7666 - acc: 0.8667
Increment acc: 86.67%
```

10.4 神经网络的检查点

应用程序检查点（Checkpoint）是长时间运行进程的容错技术，是在系统故障的情况下，对系统状态快照保存的一种方法。如果产生问题，不是丢失全部数据，而是可以在检查点检查结果，或者从检查点开始新的运行。因此，检查点需要精心设计，使得它既对事务的正常处理影响很小，又能在系统崩溃的时候有效地恢复系统。当训练深度学习模型时，可以利用检查点来捕获模型的权重，可以基于当前的权重进行预测，也可以使用检查点保存的权重值继续训练模型。

在 Keras 中，回调 API 提供检查点功能。ModelCheckpoint 回调类可以定义模型权重值检查点的位置、文件的名称，以及在什么情况下创建模型的检查点。API 还可以指定要监视的指标，例如训练数据集或评估数据集的丢失或准确性；也可以指定是否寻求最大化或最小化分数的改进；用于存储权重的文件名可以包括诸如 epochs 编号或评估矩阵的变量。当模型上调用 fit()函数时，可以将 ModelCheckpoint 实例传递给训练过程。需要注意的是，需要安装 h5py 类库，以便保存权重的 HDF 5 格式的文件。

10.4.1 检查点跟踪神经网络模型

每当检测到模型性能的提高时，使用检查点保存输出模型的权重值是一个很好的方法。接下来将会通过一个简单的示例，来演示在 Keras 中如何使用检查点。这个示例使用鸢尾花数据集，创建一个多分类的神经网络。该示例使用 20%的数据自动评估模型的性能。只有在评估数据集(monitor ='val acc'和 mode ='max')上的分类准确度有所提高时，才会设置检查点来保存网络权重。权重存储在文件名为 weights-improvement-epoch-val_acc=.2f.h5 的文件中，代码如下：

```
from sklearn import datasets
import numpy as np
from keras.models import Sequential
from keras.layers import Dense
from keras.utils import to_categorical
from keras.callbacks import ModelCheckpoint

# 导入数据
dataset = datasets.load_iris()

x = dataset.data
Y = dataset.target

# 将标签转换成分类编码
Y_labels = to_categorical(Y, num_classes=3)
```

```
# 设定随机数种子
seed = 7
np.random.seed(seed)
# 构建模型函数
def create_model(optimizer='rmsprop', init='glorot_uniform'):
    # 构建模型
    model = Sequential()
    model.add(Dense(units=4, activation='relu', input_dim=4,
kernel_initializer=init))
    model.add(Dense(units=6, activation='relu', kernel_initializer=init))
    model.add(Dense(units=3, activation='softmax', kernel_initializer=init))

    # 编译模型
    model.compile(loss='categorical_crossentropy', optimizer=optimizer,
metrics=['accuracy'])

    return model

# 构建模型
model = create_model()

# 设置检查点
filepath = 'weights-improvement-{epoch:02d}-{val_acc:.2f}.h5'
checkpoint = ModelCheckpoint(filepath=filepath, monitor='val_acc', verbose=1,
save_best_only=True, mode='max')
callback_list = [checkpoint]
model.fit(x, Y_labels, validation_split=0.2, epochs=200, batch_size=5,
verbose=0, callbacks=callback_list)
```

执行代码会在同级目录下输出一些文件，控制台的输出结果如下：

```
Epoch 00000: saving model to weights-improvement-00-0.23.h5
Epoch 00001: saving model to weights-improvement-01-0.00.h5
Epoch 00002: saving model to weights-improvement-02-0.00.h5
Epoch 00003: saving model to weights-improvement-03-0.00.h5
Epoch 00004: saving model to weights-improvement-04-0.00.h5
```

```
Epoch 00005: saving model to weights-improvement-05-0.00.h5
...
Epoch 00194: saving model to weights-improvement-194-0.83.h5
Epoch 00195: saving model to weights-improvement-195-0.83.h5
Epoch 00196: saving model to weights-improvement-196-0.87.h5
Epoch 00197: saving model to weights-improvement-197-0.70.h5
Epoch 00198: saving model to weights-improvement-198-0.80.h5
Epoch 00199: saving model to weights-improvement-199-0.70.h5
```

10.4.2 自动保存最优模型

更简单的检查点策略是将模型权重保存到同一个文件中，当且仅当模型的准确度提高时，才会将权重更新保存到文件中。这使用上述代码就可以轻松完成，只需要将输出文件名更改为固定文件名即可（不包括分数或 epoch 信息）。在这种情况下，当评估数据集上的模型的分类准确性提高时，会输出权重到文件，并覆盖上次的结果，保存到目前为止最好的模型权重到文件 weights.best.h5 中，代码如下：

```
from sklearn import datasets
import numpy as np
from keras.models import Sequential
from keras.layers import Dense
from keras.utils import to_categorical
from keras.callbacks import ModelCheckpoint

# 导入数据
dataset = datasets.load_iris()

x = dataset.data
Y = dataset.target

# 将标签转换成分类编码
Y_labels = to_categorical(Y, num_classes=3)

# 设定随机数种子
seed = 7
np.random.seed(seed)
```

```
# 构建模型函数
def create_model(optimizer='rmsprop', init='glorot_uniform'):
    # 构建模型
    model = Sequential()
    model.add(Dense(units=4, activation='relu', input_dim=4,
kernel_initializer=init))
    model.add(Dense(units=6, activation='relu', kernel_initializer=init))
    model.add(Dense(units=3, activation='softmax', kernel_initializer=init))

    # 编译模型
    model.compile(loss='categorical_crossentropy', optimizer=optimizer,
metrics=['accuracy'])

    return model

# 构建模型
model = create_model()

# 设置检查点
filepath = 'weights.best.h5'
checkpoint = ModelCheckpoint(filepath=filepath, monitor='val_acc', verbose=1,
save_best_only=True, mode='max')
callback_list = [checkpoint]
model.fit(x, Y_labels, validation_split=0.2, epochs=200, batch_size=5,
verbose=0, callbacks=callback_list)
```

执行代码，和上一个例子的输出结果一样，但仅生成了一个 weights.best.h5 文件。执行结果如下：

```
Epoch 00001: val_acc improved from -inf to 0.00000, saving model to
weights.best.h5
…
Epoch 00103: val_acc did not improve from 0.76667
Epoch 00104: val_acc did not improve from 0.76667
Epoch 00105: val_acc improved from 0.76667 to 0.80000, saving model to
weights.best.h5
…
```

```
Epoch 00199: val_acc did not improve from 0.80000
Epoch 00200: val_acc did not improve from 0.80000
```

10.4.3 从检查点导入模型

使用 ModelCheckpoint 训练模型的过程中，通过检查点保存了模型的权重值。当训练模型时意外终止，就可以从自动保存的检查点加载和使用检查点时保存的模型。使用检查点保存模型时，假定神经网络的拓扑结构是已知的，因此仅保存了模型的权重值。神经网络的拓扑结构可以在训练模型前，序列化为 JSON 格式或 YAML 格式的文件，以确保可以方便地恢复网络的拓扑结构。在下面的示例中，模型的拓扑结构是已知的，使用先前的示例中生成的最佳权重（文件名为 weights.best.h5），先从检查点恢复模型，然后使用该模型对整个数据集进行预测，代码如下：

```
from sklearn import datasets
import numpy as np
from keras.models import Sequential
from keras.layers import Dense
from keras.utils import to_categorical

# 导入数据
dataset = datasets.load_iris()

x = dataset.data
Y = dataset.target

#将标签转换成分类编码
Y_labels = to_categorical(Y, num_classes=3)

# 设定随机数种子
seed = 7
np.random.seed(seed)
# 构建模型函数
def load_model(optimizer='rmsprop', init='glorot_uniform'):
    # 构建模型
    model = Sequential()
```

```
    model.add(Dense(units=4, activation='relu', input_dim=4,
kernel_initializer=init))
    model.add(Dense(units=6, activation='relu', kernel_initializer=init))
    model.add(Dense(units=3, activation='softmax', kernel_initializer=init))

    # 加载权重
    filepath = 'weights.best.h5'
    model.load_weights(filepath=filepath)

    # 编译模型
    model.compile(loss='categorical_crossentropy', optimizer=optimizer,
metrics=['accuracy'])

    return model

# 构建模型
model = load_model()

# 评估模型
scores = model.evaluate(x, Y_labels, verbose=0)
print('%s: %.2f%%' % (model.metrics_names[1], scores[1] * 100))
```

加载权重值后编译模型，不需要通过 fit()函数来训练模型，直接进行预测。执行结果如下：

```
acc: 93.33%
```

10.5 模型训练过程可视化

在训练深度学习模型时，Keras 提供了对训练历史的默认回调方法。在深度学习模型的训练过程中，默认回调方法之一是 History 回调，它记录每个 epoch 的训练指标，包括损失和准确度（分类问题），以及评估数据集的损失和准确度（如果已设置）。

模型训练过程中的信息可以从训练模型的 fit()函数的返回值获取。度量标准存储在返回对象的历史成员的字典中。可以使用历史对象中收集的数据来创建图表，通过图表可以很方便地看到模型训练的情况，如：

- 模型在 epoch 上的收敛速度（斜率）。
- 模型是否已经收敛（该线是否平滑收敛）。
- 模型是否过度学习训练数据（验证线的拐点）。

在下面的例子中，使用鸢尾花数据集构建一个神经网络，并使用对该神经网络训练时返回的历史信息，构建图表展示以下信息：

- 训练数据集和评估数据集在各 epoch 的准确度。
- 训练数据集和评估数据集在各 epoch 的损失情况。

代码如下：

```
from sklearn import datasets
import numpy as np
from keras.models import Sequential
from keras.layers import Dense
from keras.utils import to_categorical
from matplotlib import pyplot as plt


# 导入数据
dataset = datasets.load_iris()

x = dataset.data
Y = dataset.target

#将标签转换成分类编码
Y_labels = to_categorical(Y, num_classes=3)

# 设定随机数种子
seed = 7
np.random.seed(seed)
```

```
# 构建模型函数
def create_model(optimizer='rmsprop', init='glorot_uniform'):
    # 构建模型
    model = Sequential()
    model.add(Dense(units=4, activation='relu', input_dim=4,
kernel_initializer=init))
    model.add(Dense(units=6, activation='relu', kernel_initializer=init))
    model.add(Dense(units=3, activation='softmax', kernel_initializer=init))

    # 编译模型
    model.compile(loss='categorical_crossentropy', optimizer=optimizer,
metrics=['accuracy'])

    return model

# 构建模型
model = create_model()

history = model.fit(x, Y_labels, validation_split=0.2, epochs=200,
batch_size=5, verbose=0)

# 评估模型
scores = model.evaluate(x, Y_labels, verbose=0)
print('%s: %.2f%%' % (model.metrics_names[1], scores[1] * 100))

# History 列表
print(history.history.keys())

# accuracy 的历史
plt.plot(history.history['acc'])
plt.plot(history.history['val_acc'])
plt.title('model accuracy')
plt.ylabel('accuracy')
plt.xlabel('epoch')
plt.legend(['train', 'validation'], loc='upper left')
plt.show()
```

```
# loss 的历史
plt.plot(history.history['loss'])
plt.plot(history.history['val_loss'])
plt.title('model loss')
plt.ylabel('loss')
plt.xlabel('epoch')
plt.legend(['train', 'validation'], loc='upper left')
plt.show()
```

执行代码，可以看到在训练的历史信息中包含 loss 和 accuracy 的信息，执行结果如下：

```
acc: 93.33%
dict_keys(['val_loss', 'val_acc', 'loss', 'acc'])
```

并且通过图表分别展示了模型准确度（见图 10-1）和模型损失（见图 10-2）。

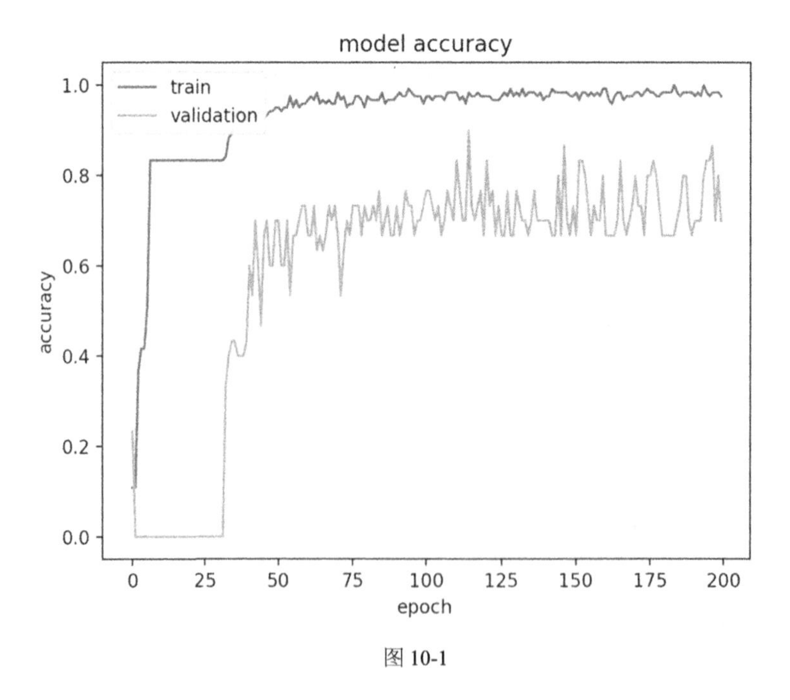

图 10-1

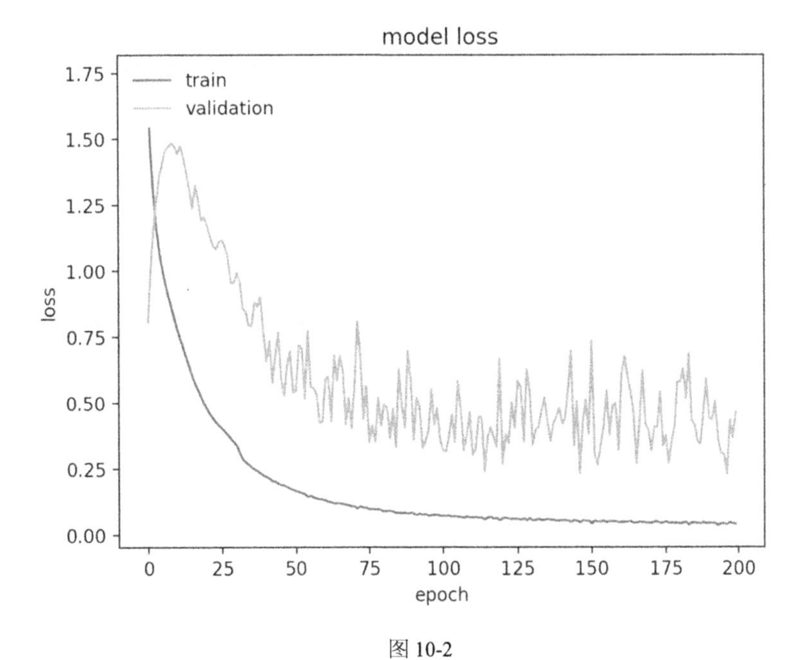
model loss
train
validation
loss
epoch
1.75
1.50
1.25
1.00
0.75
0.50
0.25
0.00
0
25
50
75
100
125
150
175
200

图 10-2

11

Dropout 与学习率衰减

在机器学习中存在两类比较严重的问题：过拟合和学习时间开销非常大。当过拟合时，得到的模型会在训练数据集上有非常好的表现，但对新数据的预测结果会非常不理想。当一个模型出现过拟合时就失去了实用价值。为了解决过拟合问题通常会采用组合方法，即训练多个模型来解决问题，这样会带来非常大的时间开销，Dropout 的出现可以很好地解决这个问题。在模型的训练过程中，另外一个时间开销巨大的地方是梯度下降，学习率衰减可以很好地解决梯度下降中时间开销的问题。

11.1　神经网络中的 Dropout

Dropout 是 Srivastava 等人在 2014 年的一篇论文（*Dropout: A Simple Way to Prevent Neural Networks from Overfitting*）中提出的一种针对神经网络模型的正则化方法。Dropout 是在训练过程中，随机地忽略部分神经元。也就是说，在正向传播过程中，这些被忽略的神经元对下游神经元的贡献效果暂时消失；在反向传播时，这些神经元也不会有任何权值的更新。

随着神经网络模型不断的学习，神经元的权值会与整个网络的上下文相匹配。神经元的权重针对某些特征进行调优，使其特殊化，周围的神经元则会依赖于这种特殊化。如果过于特殊化，模型会因为对训练数据过拟合而变得脆弱不堪。可以想象一下，如果在训练过程中随机丢弃网络的一部分，那么其他神经元将不得不介入，替代缺失神经元的那部分表征，为预测结果提供信息。普遍认为，这种网络模型可以学到多种相互独立的内部表征。这么做的效果就是，网络模型对神经元特定的权重不那么敏感。因此提升了模型的泛化能力，不容易对训练数据过拟合。

从直观上看，Dropout 是 ensemble 在分类性能上的一个近似。然而在实际中，Dropout 毕竟还是在一个神经网络上进行的，只训练出一套模型参数。那么它到底因何而有效呢？在论文中，作者对 Dropout 的动机做了一个十分精彩的类比：在自然界中，中大型动物一般是有性繁殖，即后代的基因从父母各继承一半。从直观上看，似乎无性繁殖更加合理，因为无性繁殖可以保留大段大段的优秀基因；而有性繁殖则将基因随机拆了又拆，破坏了大段基因的联合适应性。但是自然选择时没有选择无性繁殖，而是选择了有性繁殖，这就是进化论中的物竞天择，适者生存。先做一个假设，那就是基因的能力在于混合基因的能力而非单个基因的能力。Dropout 也能达到同样的效果，它强迫一个神经单元和随机挑选出来的其他神经单元共同工作，达到较好的效果，减弱了神经元节点间的联合适应性，增强了泛化能力。

如何选择 Dropout 率呢？经过验证，隐含节点 Dropout 率等于 0.5 的时候效果最好，此时 Dropout 随机生成的网络结构最多。Dropout 也可以用在输入层，作为一种添加噪声的方法。输入层设为更接近 1 的数字，使得输入变化不会太大（如 0.8）。

11.2 在 Keras 中使用 Dropout

在 Keras 的每个权重更新周期中，按照给定概率（如 20%），随机选择要丢弃的节点，以实现 Dropout。Dropout 只能在模型的训练过程中使用，在评估模型时不能使用。

11.2.1 输入层使用 Dropout

Dropout 可以应用在输入层的神经元。本例在输入层之后添加一个新的 Dropout 层，Dropout 率设置为 20%，这意味着每个更新周期中 20%的输入将被随机排除，代码如下：

```
from sklearn import datasets
import numpy as np
from keras.models import Sequential
from keras.layers import Dropout
from keras.layers import Dense
from keras.optimizers import SGD
from keras.wrappers.scikit_learn import KerasClassifier
from sklearn.model_selection import cross_val_score
from sklearn.model_selection import KFold


# 导入数据
dataset = datasets.load_iris()

x = dataset.data
Y = dataset.target

# 设定随机数种子
seed = 7
np.random.seed(seed)

# 构建模型函数
def create_model(init='glorot_uniform'):
    # 构建模型
    model = Sequential()
    model.add(Dropout(rate=0.2, input_shape=(4,)))
    model.add(Dense(units=4, activation='relu', kernel_initializer=init))
    model.add(Dense(units=6, activation='relu', kernel_initializer=init))
    model.add(Dense(units=3, activation='softmax', kernel_initializer=init))

    # 定义 Dropout
    sgd = SGD(lr=0.01, momentum=0.8, decay=0.0, nesterov=False)
```

```
    # 编译模型
    model.compile(loss='categorical_crossentropy', optimizer=sgd,
metrics=['accuracy'])

    return model

model = KerasClassifier(build_fn=create_model, epochs=200, batch_size=5,
verbose=0)
kfold = KFold(n_splits=10, shuffle=True, random_state=seed)
results = cross_val_score(model, x, Y, cv=kfold)
print('Accuracy: %.2f%% (%.2f)' % (results.mean()*100, results.std()))
```

执行上述代码，结果如下：

```
Accuracy: 83.33% (0.13)
```

11.2.2 在隐藏层使用 Dropout

Dropout 也可以应用于神经网络模型中的隐藏层神经元。在下面的示例中，将在两个隐藏层之间，以及最后一个隐藏层和输出层之间使用 Dropout，也将 Dropout 率设置为 20%，并对权重进行约束，使其最大限度不超过 3，代码如下：

```
from sklearn import datasets
import numpy as np
from keras.models import Sequential
from keras.layers import Dropout
from keras.layers import Dense
from keras.constraints import maxnorm
from keras.optimizers import SGD
from keras.wrappers.scikit_learn import KerasClassifier
from sklearn.model_selection import cross_val_score
from sklearn.model_selection import KFold


# 导入数据
dataset = datasets.load_iris()
```

```
x = dataset.data
Y = dataset.target

# 设定随机数种子
seed = 7
np.random.seed(seed)

# 构建模型函数
def create_model(init='glorot_uniform'):
    # 构建模型
    model = Sequential()
    model.add(Dense(units=4, activation='relu', input_dim=4,
kernel_initializer=init, kernel_constraint=maxnorm(3)))
    model.add(Dropout(rate=0.2))
    model.add(Dense(units=6, activation='relu', kernel_initializer=init,
kernel_constraint=maxnorm(3)))
    model.add(Dropout(rate=0.2))
    model.add(Dense(units=3, activation='softmax', kernel_initializer=init))

    # 定义 Dropout
    sgd = SGD(lr=0.01, momentum=0.8, decay=0.0, nesterov=False)

    # 编译模型
    model.compile(loss='categorical_crossentropy', optimizer=sgd,
metrics=['accuracy'])

    return model


model = KerasClassifier(build_fn=create_model, epochs=200, batch_size=5,
verbose=0)
kfold = KFold(n_splits=10, shuffle=True, random_state=seed)
results = cross_val_score(model, x, Y, cv=kfold)
print('Accuracy: %.2f%% (%.2f)' % (results.mean()*100, results.std()))
```

执行上述代码，结果如下：

```
Accuracy: 74.67% (0.28)
```

11.2.3 Dropout 的使用技巧

在 *Dropout: A Simple Way to Prevent Neural Networks from Overfitting* 这篇论文中，提供了一套标准机器学习问题的实验结果。在这些实验的实践中提供了一些 Dropout 的使用建议：

- 通常在神经网络中使用 20%～50%的 Dropout 率，20%是一个很好的起点。太低的概率产生的作用有限；太高的概率可能导致对网络的训练不充分。
- 当在较大的网络上使用 Dropout 时，可能会获得更好的表现，因为 Dropout 降低了模型训练过程中的干扰。
- 在输入层（可视层）和隐藏层上使用 Dropout。在网络的每一层应用 Dropout 都显示出良好的效果。
- 使用较高的学习率，并使用学习率衰减和巨大的动量值，将学习率提高 10～100 倍，且使用 0.9 或 0.99 的高动量值。
- 限制网络权重的大小。大的学习率可能导致非常大的网络权重。对网络权重的大小施加约束，例如大小为 4 或 5 的最大范数正则化（Max-norm Regularization），已经显示出具有很好的改善结果。在 Keras 中，可以通过指定 Dense 的 kernel_constrain=maxnorm(x)来限制网络权重。

11.3 学习率衰减

选择合适的学习率能够提高随机梯度下降算法的性能，并减少训练时间。为了能够使得梯度下降算法有较好的性能，需要把学习率的值设定在合适的范围内。学习率决定了参数移动到最优值时的速度。如果学习率过大，很可能会越过最优值；反之，如果学习率过小，优化的效率可能过低，长时间算法无法收敛。所以选择合适的学习率，对算法性能有非常大的影响。

学习率衰减就是一种可以平衡这两者之间矛盾的解决方案。学习率衰减的基本思想是：学习率随着训练的进行逐渐衰减。在训练过程开始时，使用较大的学习率值，可以使结果快速收敛，随着训练的进行，逐步降低学习率和收敛的速度，有助于找到最优结果。学习率衰减具有早期快速学习的特点，逐步进行微调，直到找到最优值。目前比较流行的两种学习率衰减方法为：线性衰减（根据 epoch 逐步降低学习率）和指数衰减（在特定 epoch 使用分数快速降低学习率）。

11.3.1 学习率线性衰减

在 Keras 中，基于时间的线性学习率衰减是通过 SGD 类中的随机梯度下降优化算法实现的，该类具有一个 decay 衰减率参数。该参数的线性学习速率衰减方程如下：

$$\text{Learning Rate} = \text{Learning Rate} \times \frac{1}{1 + \text{decay} \times \text{epoch}}$$

当 decay 衰减率为 0（默认值）时，对学习率没有影响；当使用非零学习率衰减时，学习率呈线性衰减。如学习率为 0.1 时，学习率衰减 0 的结果如下：

```
LearningRate = 0.1 * 1/(1 + 0.0 * 1)
LearningRate = 0.1
```

当 decay 衰减率为 0.001 时，最初的 5 个 epoch 的学习率如下：

```
Epoch    Learning Rate
1        0.1
2        0.0999000999
3        0.0997006985
4        0.09940249103
5        0.09900646517
```

下面的示例演示了如何在 Keras 中使用线性学习速率衰减。在这个例子中，随机梯度下降学习率设定为较高的值 0.1，该模型训练了 200 个 epochs，并且 decay 参数设定为 0.005。另外，设定动量值为 0.9。完整的示例代码如下：

```
from sklearn import datasets
import numpy as np
from keras.models import Sequential
from keras.layers import Dense
```

```
from keras.wrappers.scikit_learn import KerasClassifier
from keras.optimizers import SGD


# 导入数据
dataset = datasets.load_iris()

x = dataset.data
Y = dataset.target

# 设定随机数种子
seed = 7
np.random.seed(seed)

# 构建模型函数
def create_model(init='glorot_uniform'):
    # 构建模型
    model = Sequential()
    model.add(Dense(units=4, activation='relu', input_dim=4,
kernel_initializer=init))
    model.add(Dense(units=6, activation='relu', kernel_initializer=init))
    model.add(Dense(units=3, activation='softmax', kernel_initializer=init))

    # 模型优化
    learningRate = 0.1
    momentum = 0.9
    decay_rate = 0.005
    #定义学习率衰减
    sgd = SGD(lr=learningRate, momentum=momentum, decay=decay_rate,
nesterov=False)

    # 编译模型
    model.compile(loss='categorical_crossentropy', optimizer=sgd,
metrics=['accuracy'])

    return model
```

```
    epochs = 200
    model = KerasClassifier(build_fn=create_model, epochs=epochs, batch_size=5,
verbose=1)
    model.fit(x, Y)
```

执行这段代码，结果如下：

```
    Epoch 1/200
      5/150 [>.............................] - ETA: 0s - loss: 1.9691 - acc: 0.2000
    150/150 [==============================] - 0s - loss: 0.8157 - acc: 0.6467
    Epoch 2/200
      5/150 [>.............................] - ETA: 0s - loss: 0.9979 - acc: 0.6000
    150/150 [==============================] - 0s - loss: 4.2376 - acc: 0.5467
    Epoch 3/200
      5/150 [>.............................] - ETA: 0s - loss: 12.8945 - acc: 0.2000
    150/150 [==============================] - 0s - loss: 10.7454 - acc: 0.3333
    …
    Epoch 199/200
      5/150 [>.............................] - ETA: 0s - loss: 12.8945 - acc: 0.2000
    150/150 [==============================] - 0s - loss: 10.7454 - acc: 0.3333
    Epoch 200/200
      5/150 [>.............................] - ETA: 0s - loss: 9.6709 - acc: 0.4000
    150/150 [==============================] - 0s - loss: 10.7454 - acc: 0.3333
```

11.3.2 学习率指数衰减

在深度学习中，另外一个常用的学习率衰减方法是指数衰减。通常这种方法是通过在固定的 epoch 周期将学习速率降低 50%来实现的。例如，初始学习率设定为 0.1，每 10 个 epochs 降低 50%。前 10 个 epochs 使用 0.1 的学习率，接下来的 10 个 epochs 使用 0.05 的学习率，学习率以指数级进行衰减。在 Keras 中，使用 LearningRateScheduler 回调，来实现学习率的指数衰减。LearningRateScheduler 回调使用预定义的回调函数来实现学习率的指数衰减，函数将 epoch 数作为一个参数，并将学习率返回到随机梯度下降算法中使用。下面的例子定义了一个 step_decay()函数，实现了如下方程。

$$\text{Learning Rate} = \text{Initial Learning Rate} \times \text{Drop Rate}^{\text{floor}(\frac{1+\text{Epoch}}{\text{Epoch Drop}})}$$

示例的完整代码如下：

```
from sklearn import datasets
import numpy as np
from keras.models import Sequential
from keras.layers import Dense
from keras.wrappers.scikit_learn import KerasClassifier
from keras.optimizers import SGD
from keras.callbacks import LearningRateScheduler
from math import pow, floor

# 导入数据
dataset = datasets.load_iris()

x = dataset.data
Y = dataset.target

# 设定随机数种子
seed = 7
np.random.seed(seed)

# 计算学习率
def step_decay(epoch):
    init_lrate = 0.1
    drop = 0.5
    epochs_drop = 10
    lrate = init_lrate * pow(drop, floor(1 + epoch) / epochs_drop)
    return lrate

# 构建模型函数
def create_model(init='glorot_uniform'):
    # 构建模型
    model = Sequential()
    model.add(Dense(units=4, activation='relu', input_dim=4,
kernel_initializer=init))
    model.add(Dense(units=6, activation='relu', kernel_initializer=init))
```

```
    model.add(Dense(units=3, activation='softmax', kernel_initializer=init))

    # 模型优化
    learningRate = 0.1
    momentum = 0.9
    decay_rate = 0.0
    sgd = SGD(lr=learningRate, momentum=momentum, decay=decay_rate,
nesterov=False)

    # 编译模型
    model.compile(loss='categorical_crossentropy', optimizer=sgd,
metrics=['accuracy'])

    return model

# 学习率指数衰减回调
lrate = LearningRateScheduler(step_decay)
epochs = 200
model = KerasClassifier(build_fn=create_model, epochs=epochs, batch_size=5,
verbose=1, callbacks=[lrate])
model.fit(x, Y)
```

执行结果如下：

```
Epoch 1/200
  5/150 [>.............................] - ETA: 0s - loss: 1.9691 - acc: 0.2000
150/150 [==============================] - 0s - loss: 0.8182 - acc: 0.6000
Epoch 2/200
  5/150 [>.............................] - ETA: 0s - loss: 0.4595 - acc: 0.8000
150/150 [==============================] - 0s - loss: 5.9931 - acc: 0.5800
Epoch 3/200
  5/150 [>.............................] - ETA: 0s - loss: 12.8945 - acc: 0.2000
…
Epoch 199/200
  5/150 [>.............................] - ETA: 0s - loss: 12.8945 - acc: 0.2000
150/150 [==============================] - 0s - loss: 10.7454 - acc: 0.3333
Epoch 200/200
  5/150 [>.............................] - ETA: 0s - loss: 9.6709 - acc: 0.4000
150/150 [==============================] - 0s - loss: 10.7454 - acc: 0.3333
```

11.3.3 学习率衰减的使用技巧

在深度学习中使用学习率衰减，通常会考虑以下情况：

- **提高初始学习率。**更大的学习率，在开始学习时会快速更新权重值，而且随着学习率的衰减可以自动调整学习率，这可以提高梯度下降的性能。
- **使用大动量。**使用较大的动量值将有助于优化算法在学习率缩小到小值时，继续向正确的方向更新权重值。

第三部分

卷积神经网络

计算机视觉，是一门研究计算机如何获取信息的学科，目前在自动驾驶、工业检测、军事等各个领域都有广泛应用。卷积神经网络是在计算机视觉中使用的主要算法之一。

12 卷积神经网络速成

卷积神经网络（Convolutional Neural Network，CNN）是一种前馈神经网络，也是一种强大的人工神经网络技术，它的神经元可以响应一部分覆盖范围内的神经元，并保存了问题的空间结构，对计算机视觉和自然语言处理有出色的表现。由于该网络避免了对图像的复杂前期预处理，可以直接输入原始图像，目前被广泛应用于计算机视觉方面。

卷积神经网络是最近几年发展起来，并引起广泛重视的一种高效识别方法。20 世纪 60 年代，Hubel 和 Wiesel 在研究猫脑皮层中用于局部敏感和方向选择的神经元时发现，其独特的网络结构可以有效降低反馈神经网络的复杂性，继而提出了卷积神经网络，现在卷积神经网络已经成为众多科学领域的研究热点之一。

卷积神经网络的基本结构包括两层，其一为特征提取层，每个神经元的输入与前一层的局部接受域相连，并提取该局部的特征。一旦该局部特征被提取后，它与其他特征间的位置关系也随之确定下来；其二是特征映射层，网络的每个计算层由多个特征映射组成，每个特征映射是一个平面，平面上所有神经元的权值相等。特征映射结构采用影响函数核小的 sigmoid 函数作为卷积网络的激活函数，使得特征映射具有位移不变性。此外，由于一个映射面上的神经元共享权值，因而减少了网络自由参数的个数。卷积神经网络中的每一个卷积层都紧跟一个用来求局部平均与二次提取的计算层，这种特有的两次特征提取结构减小了特征分辨率。

卷积神经网络主要用来识别位移、缩放及其他形式扭曲不变性的二维图形。由于卷积神经网络的特征检测层通过训练数据进行学习，所以在使用卷积神经网络时，避免了显式的特征抽取，隐式地从训练数据中进行学习；再者，由于同一特征映射面上的神经元权值相同，所以网络可以并行学习，这也是卷积网络相对于神经元彼此相连网络的一大优势。卷积神经网络以其局部权值共享的特殊结构，在语音识别和图像处理方面有着独特的优越性，其布局更接近实际的生物神经网络，权值共享降低了网络的复杂性，特别是多维输入向量的图像可以直接输入网络这一特点，避免了特征提取和分类过程中数据重建的复杂度。

在实际应用中，卷积神经网络可以直接将原始图像作为输入，这使其具有非常高的优势。假设给定一个具有 32×32 像素的标准尺寸的灰度图像的数据集，传统的前馈神经网络将需要 1024 个输入权重（加上一个偏差）。并且将图像的像素矩阵平坦化到长的像素值向量，使得图像中的所有空间结构失去了效果。除非所有的图像都被完全调整大小，否则神经网络将会出现很大的问题。此外，假如对一个像素是 1000×1000 的图像进行识别，采用多层感知器神经网络，需要 1000×1000 个输入层神经元，如果设置同等数量的隐藏层神经元，计算开销是非常巨大的，这基本上是无法计算的。

卷积神经网络通过使用小的输入数据的平方值，来学习内部特征，并保持像素之间的空间关系。特征在整个图像中被学习和使用，因此图像中的对象在场景中被移动时，仍然可以被网络检测到。这就是为什么卷积神经网络被广泛应用于照片识别、手写数字识别、人脸识别等不同方面的对象识别的原因。以下是使用卷积神经网络的一些好处：

- 比完全连接的网络使用较少的参数（权重）来学习。
- 忽略需要识别的对象在图片中的位置和失真的影响。
- 自动学习和获取输入域的特征。

在卷积神经网络中通常包含以下类型的层：

- 卷积层。
- 池化层。
- 全连接层。

12.1 卷积层

在图像处理中，往往把图像表示为像素的向量，比如一个 1000×1000 的图像，可以表示为一个 1000000 的向量。假如神经网络中的隐藏层数目与输入层一样，即也是 1000000 时，那么输入层到隐藏层的参数数据为 1000000×1000000=10^{12}，数据量非常巨大，基本无法训练。所以使用神经网络处理图像，必须先减少参数，加快训练速度。卷积层就用来局部感知提取特征，降低输入参数的层。

12.1.1 滤波器

滤波器（Filter）本质上是该层的神经元，具有加权输入并产生输出值，输入是固定大小的图像样本（如 5×5）。如果卷积层是输入层，则输入将是像素值。如果它们在网络架构中较深，则卷积层将从前一层的特征图获取输入。

简单的局部感知，参数仍然过多，需要进一步降低参数的数量，其中的一个方法就是权值共享。在上面的例子中，每个神经元都对应 100 个参数，一共有 1000000 个神经元，如果这 1000000 个神经元的 100 个参数都是相等的，那么参数数目就变为 100 了。怎么理解权值共享呢？在这里可以把 100 个参数（也就是卷积操作）看成提取特征的方式，该方式与位置无关。其中隐含的原理则是：图像的一部分统计特性与其他部分是一样的。这也意味着，在这一部分学习的特征也能用在另一部分上，所以可以在图像上的所有位置，使用同样的学习特征。更直观地说，当从一个大尺寸图像中随机选取一小块，比如以 8×8 作为样本，并且从这个小块样本中学习到了一些特征，我们就可以把从这个样本中学习到的特征作为探测器，并应用到这个图像的任意地方。而且，可以用从 8×8 样本中学习到的特征和原本的大尺寸图像作卷积，从而对这个大尺寸图像上的任一位置获得一个不同特征的激活值。每个卷积都是一种特征提取方式，就像一个筛子，将图像中符合条件（激活值越大越符合条件）的部分筛选出来。

12.1.2 特征图

在卷积神经网络的设定里，特征图（Feature Map）是卷积核卷出来的，而不同的特征提取（核）会提取出不同的特征，模型想要达成的目的是，找到一组最佳的能解释现象的卷积核。例如某个核形似 gabor 算子，就会提取出边缘信息的特征，但这个特征太简单，很可能不是模型需要的特征。这与大脑的功能很相似，比如 gabor 算子模拟了具有方向选择性的神经元，这些神经元被称为简单神经元，只能对方向做出响应，人脑依靠这些神经元检测出图像的边缘信息。若要完成一些更高级的功能，就需要更复杂的神经元，它们能对信号做一些更复杂的变换。而神经科学的证据表明，这些复杂的神经元很可能是由多个简单神经元的输出信号组合而成。考虑一个对象识别的任务，对象自身具有不同的特征，不同的神经元编码其不同的特征，并组合起来表达这一特定对象。卷积神经网络设定中的特征图对应各层神经元的信号输出。

12.2 池化层

在卷积神经网络中，池化层对输入的特征图进行压缩，一方面使特征图变小，简化网络计算复杂度；一方面进行特征压缩，提取主要特征。采用池化层可以忽略目标的倾斜、旋转之类的相对位置的变化，以提高精度，同时降低了特征图的维度，并且在一定程度上可以避免过拟合。池化层通常非常简单，取平均值或最大值来创建自己的特征图。

12.3 全连接层

全连接层在整个卷积神经网络中起到“分类器”的作用。如果说卷积层、池化层等操作是将原始数据映射到隐藏层的特征空间的话，全连接层则起到将学到的“分布式特征表示”映射到样本标记空间的作用。全连接层通常具有非线性激活函数或 softmax 激活函数，预测输出类的概率。在卷积层和池化层执行特征抽取和合并之后，在网络末端使用全连接层用于创建特征的最终非线性组合，并用于预测。

12.4 卷积神经网络案例

ImageNet LSVRC 是一个图片分类的比赛，其训练集包括 127W+张图片，评估集有 5W 张图片，测试集有 15W 张图片。本文截取 2010 年 Alex Krizhevsky 的卷积神经网络结构进行说明，该结构在 2010 年取得冠军，top-5 错误率为 15.3%。值得一提的是，在 2017 年最后一届的 ImageNet LSVRC 比赛中，取得冠军的团队（WMW）已经达到了 top-5 错误率为 2.3%。

图 12-1 即 Alex Krizhevsky 的卷积神经网络结构图。需要注意的是，该模型采用了两个 GPU 并行结构，即第 1、2、4、5 卷积层都是将模型参数分为两部分进行训练的。并行结构分为数据并行与模型并行，数据并行是指在不同的 GPU 上，模型结构相同，但将训练数据进行切分，分别训练得到不同的模型，并将模型进行融合。而模型并行则是，将若干层的模型参数进行切分，不同的 GPU 上使用相同的数据进行训练，得到的结果直接连接作为下一层的输入。

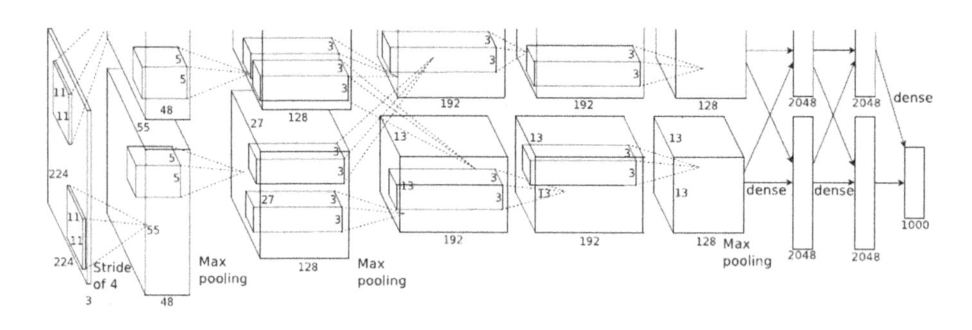

图 12-1

- 输入：224×224 大小的图片，3 通道。
- 第一层卷积：5×5 大小的卷积核 96 个，每个 GPU 上 48 个。
- 第一层 Max Pooling：2×2 大小的核。
- 第二层卷积：3×3 大小的卷积核 256 个，每个 GPU 上 128 个。
- 第二层 Max Pooling：2×2 大小的核。
- 第三层卷积：与上一层全连接，3×3 的卷积核 384 个，分到两个 GPU 上 192 个。

- 第四层卷积：3×3 大小的卷积核 384 个，每个 GPU 上 192 个。该层与上一层连接，没有经过池化层。
- 第五层卷积：3×3 大小的卷积核 256 个，每个 GPU 上 128 个。
- 第五层 Max Pooling：2×2 大小的核。
- 第一层全连接：4096 维，将第五层 Max Pooling 的输出连接成一个一维向量，作为该层的输入。
- 第二层全连接：4096 维，Softmax 激活函数输出为 1000，输出的每一维都是图片属于该类别的概率。

13 手写数字识别

计算机视觉是深度学习中非常广泛的应用之一，其中有一个非常著名的数据集——MNIST 数据集，通常会将其作为在计算机视觉方面的第一个示例，来实践在深度学习中的图像识别的算法。在这里将通过 Keras 实现卷积神经网络来处理这个数据集，加深对卷积神经网络的理解。

13.1 问题描述

MNIST 数据集是由 Yann LeCun、Corinna Cortes 和 Christopher Burges 开发的用于评估手写数字分类问题的数据集。该数据集由美国国家标准与技术研究所（NIST）提供的许多扫描文件数据构成，这也是数据集名称 MNIST 或 NIST 的来源。

数字图像是从各种扫描文件中截取的，并且所有图像都是 28×28 像素的文件。因为数据集的大小统一，只需要很少数据准备工作就可以直接用于模型的训练，让开发人员可以专注在模型的构建上。这个项目将数据集预先分割为训练数据集和评估数据集，使用 60000 张图像来训练模型，并且使用单独的 10000 张图像来评估得到的模型的准确度。

这是一个数字识别任务，因此预测结果是将图片中的手写数字识别为 0～9 这 10 个数字之一。使用预测准确度来报告结果，目前优异的结果能够达到 99%以上的预测准确度。大型卷积神经网络可以实现约 0.2%的预测误差的高准确度。

13.2 导入数据

在这里将会使用 Keras 提供的数据集，因此数据导入过程非常简单，导入的数据也不需要进行进一步的预处理，可以直接用于神经网络模型的训练。导入的数据直接被分割成训练数据集和评估数据集。同时，为了确保每次执行代码生成相同的模型，数据导入之后设定随机数种子，并查看最初的 4 张手写数字图片，代码如下：

```
from keras.datasets import mnist
from matplotlib import pyplot as plt
import numpy as np
from keras.models import Sequential
from keras.layers import Dense
from keras.utils import np_utils


# 从 Keras 导入 Mnist 数据集
(X_train, y_train), (X_validation, y_validation) = mnist.load_data()

# 显示 4 张手写数字图片
plt.subplot(221)
plt.imshow(X_train[0], cmap=plt.get_cmap('gray'))

plt.subplot(222)
plt.imshow(X_train[1], cmap=plt.get_cmap('gray'))

plt.subplot(223)
plt.imshow(X_train[2], cmap=plt.get_cmap('gray'))

plt.subplot(224)
plt.imshow(X_train[3], cmap=plt.get_cmap('gray'))
```

```
plt.show()

# 设定随机数种子
seed = 7
np.random.seed(seed)
```

第一次导入数据时，需从网上下载数据到本地，Keras 默认使用 HTTPs 来下载文件。需要注意的是，如果出现“SSL：CERTIFCATE_VERIFY_FAILED”的问题，可以暂时全局取消 SSL 证书验证，以下载数据，具体的方法就不在这里赘述了。执行代码后，显示最初的 4 张手写数字图片（见图 13-1）。

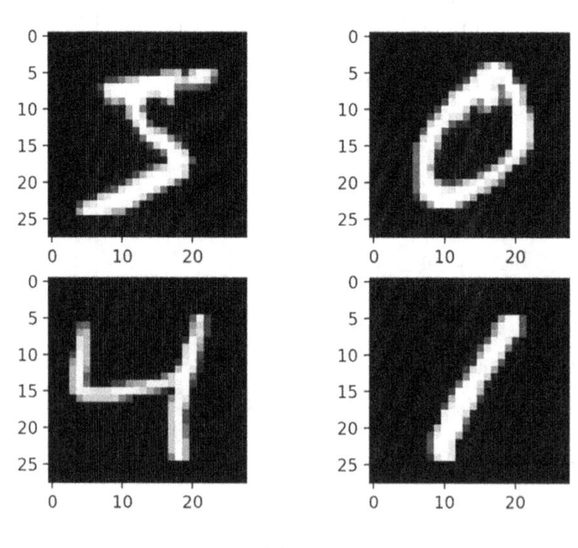

图 13-1

13.3 多层感知器模型

在采用卷积神经网络处理手写数字识别这个问题之前，先采用多层感知器来简单地实现一下这个问题，作为比较的基准，看一下卷积神经网络在图像识别这个问题上具备的优势。在这个简单的手写数字识别问题中，也许卷积神经网络准确度的提升不会很大，但是这会加深我们对卷积神经网络的理解。

数据导入后，图像的信息会被保存到每位由 0～255 的数字构成的 28×28 的矩阵中，因此多层感知器输入层的神经元个数是 784（28×28），同样构建一个包含 784 个神经元的隐藏层，输入层和隐藏层的激活函数都采用 ReLU。因为在这个数据集中的手写数字包含 0～9 这 10 个数字，也就是说，数据集被分成 10 个类别，因此，输出层包含 10 个神经元，激活函数采用 softmax。多层网络感知器的网络拓扑如图 13-2 所示。

图 13-2

因为输入数据是 0～255 的整数，在输入神经网络之前先对数据进行归一元处理，并对输出结果进行 one-hot 编码。然后，通过训练数据集训练模型，通过评估数据集评估模型的准确度，代码如下：

```
from keras.datasets import mnist
from matplotlib import pyplot as plt
import numpy as np
from keras.models import Sequential
from keras.layers import Dense
from keras.utils import np_utils


# 从 Keras 导入 MNIST 数据集
(X_train, y_train), (X_validation, y_validation) = mnist.load_data()

# 设定随机数种子
seed = 7
np.random.seed(seed)

# 显示 4 张手写数字图片
plt.subplot(221)
plt.imshow(X_train[0], cmap=plt.get_cmap('gray'))

plt.subplot(222)
plt.imshow(X_train[1], cmap=plt.get_cmap('gray'))
```

```
    plt.subplot(223)
    plt.imshow(X_train[2], cmap=plt.get_cmap('gray'))

    plt.subplot(224)
    plt.imshow(X_train[3], cmap=plt.get_cmap('gray'))

    plt.show()

    num_pixels = X_train.shape[1] * X_train.shape[2]
    print(num_pixels)
    X_train = X_train.reshape(X_train.shape[0], num_pixels).astype('float32')
    X_validation = X_validation.reshape(X_validation.shape[0],
num_pixels).astype('float32')

    # 格式化数据到 0～1
    X_train = X_train / 255
    X_validation = X_validation / 255

    # 进行 one-hot 编码
    y_train = np_utils.to_categorical(y_train)
    y_validation = np_utils.to_categorical(y_validation)
    num_classes = y_validation.shape[1]
    print(num_classes)

    # 定义基准 MLP 模型
    def create_model():
        # 创建模型
        model = Sequential()
        model.add(Dense(units=num_pixels, input_dim=num_pixels,
kernel_initializer='normal', activation='relu'))
        model.add(Dense(units=num_classes, kernel_initializer='normal',
activation='softmax'))

        # 编译模型
        model.compile(loss='categorical_crossentropy', optimizer='adam',
metrics=['accuracy'])
```

```
    return model

model = create_model()
model.fit(X_train, y_train, epochs=10, batch_size=200)

score = model.evaluate(X_validation, y_validation)
print('MLP: %.2f%%' % (score[1] * 100))
```

执行上述代码，可以看到多层感知器的准确度是：

```
MLP: 98.17%
```

13.4 简单卷积神经网络

完成了如何加载 MNIST 数据集，并使用这个数据集训练完成一个简单的多层感知器模型，现在是开发一个卷积神经网络模型的时候了。Keras 提供了可以很简单地创建卷积神经网络的 API。接下来将使用 MNIST 数据集创建一个简单的卷积神经网络，演示如何在 Keras 中实现卷积神经网络，包括卷积层、池化层和全连接层。

数据的导入和准备与多层感知器中的实现相同，就不再重复介绍了。在这里主要介绍一下这个简单的卷积神经网络是如何设计的。

（1）第一个隐藏层是一个称为 Conv2D 的卷积层。该层使用 5×5 的感受野，输出具有 32 个特征图，输入的数据期待具有 input_shape 参数所描述的特征，并采用 ReLU 作为激活函数。

（2）定义一个采用最大值 MaxPooling2D 的池化层，并配置它在纵向和横向两个方向的采样因子（pool_size）为 2×2，这表示图片在两个维度均变成原来的一半。

（3）下一层是使用名为 Dropout 的 Dropout 的正则化层，并配置为随机排除层中 20% 的神经元，以减少过度拟合。

（4）将多维数据转换为一维数据的 Flatten 层。它的输出便于标准的全连接层的处理。

（5）接下来是具有 128 个神经元的全连接层，采用 ReLU 作为激活函数。

（6）输出层有 10 个神经元，在 MNIST 数据集的输出具有 10 个分类，因此采用 softmax 激活函数，输出每张图片在每个分类上的得分。

这个简单的卷积神经网络的拓扑结构如图 13-3 所示。

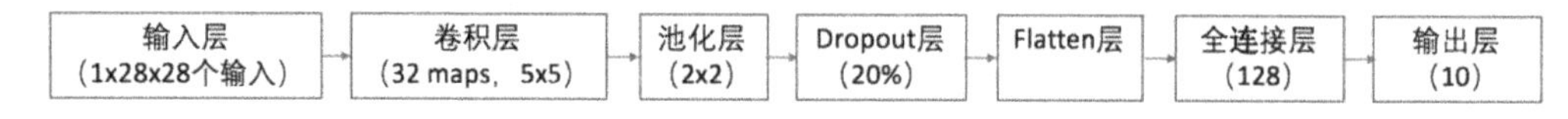

图 13-3

卷积神经网络的模型定义完成后，在开始训练前，依然需要编译模型，在这里采用 categorical_crossentropy 损失函数和 Adam 优化器来编译模型，并采用 epochs=10 和 batch_size=200 来训练模型。完整代码如下：

```
from keras.datasets import mnist
import numpy as np
from keras.models import Sequential
from keras.layers import Dense
from keras.layers import Dropout
from keras.layers import Flatten
from keras.layers.convolutional import  Conv2D
from keras.layers.convolutional import MaxPooling2D
from keras.utils import np_utils
from keras import backend
backend.set_image_data_format('channels_first')


# 设定随机数种子
seed = 7
np.random.seed(seed)

# 从 Keras 导入 MNIST 数据集
(X_train, y_train), (X_validation, y_validation) = mnist.load_data()


X_train = X_train.reshape(X_train.shape[0], 1, 28, 28).astype('float32')
X_validation = X_validation.reshape(X_validation.shape[0], 1, 28, 28).
astype('float32')
```

```
# 格式化数据到 0~1
X_train = X_train / 255
X_validation = X_validation / 255

# 进行 one-hot 编码
y_train = np_utils.to_categorical(y_train)
y_validation = np_utils.to_categorical(y_validation)

# 创建模型
def create_model():
    model = Sequential()
    model.add(Conv2D(32, (5, 5), input_shape=(1, 28, 28), activation='relu'))
    model.add(MaxPooling2D(pool_size=(2, 2)))
    model.add(Dropout(0.2))
    model.add(Flatten())
    model.add(Dense(units=128, activation='relu'))
    model.add(Dense(units=10, activation='softmax'))

    # 编译模型
    model.compile(loss='categorical_crossentropy', optimizer='adam',
metrics=['accuracy'])
    return model

model = create_model()
model.fit(X_train, y_train, epochs=10, batch_size=200, verbose=2)

score = model.evaluate(X_validation, y_validation, verbose=0)
print('CNN_Small: %.2f%%' % (score[1] * 100))
```

执行代码得到模型的准确度是99.05%。在训练时，将 verbose 设置为 2，仅输出每个 epoch 的最终结果，忽略在每个 epoch 的详细内容。输出结果如下：

```
Epoch 1/10
161s - loss: 0.2310 - acc: 0.9344
Epoch 2/10
151s - loss: 0.0737 - acc: 0.9780
```

```
Epoch 3/10
144s - loss: 0.0532 - acc: 0.9838
Epoch 4/10
148s - loss: 0.0402 - acc: 0.9879
Epoch 5/10
147s - loss: 0.0335 - acc: 0.9894
Epoch 6/10
155s - loss: 0.0275 - acc: 0.9916
Epoch 7/10
154s - loss: 0.0232 - acc: 0.9928
Epoch 8/10
141s - loss: 0.0204 - acc: 0.9935
Epoch 9/10
139s - loss: 0.0168 - acc: 0.9945
Epoch 10/10
138s - loss: 0.0142 - acc: 0.9957
CNN_Small: 99.05%
```

13.5 复杂卷积神经网络

刚刚创建的卷积神经网络模型非常简单，在卷积神经网络中可以有多个卷积层，接下来就定义一个采用多个卷积层的卷积神经网络。网络拓扑结构如下：

（1）卷积层，具有 30 个特征图，感受野大小为 5×5。

（2）采样因子（pool_size）为 2×2 的池化层。

（3）卷积层，具有 15 个特征图，感受野大小为 3×3。

（4）采样因子（pool_size）为 2×2 的池化层。

（5）Dropout 概率为 20%的 Dropout 层。

（6）Flatten 层。

（7）具有 128 个神经元和 ReLU 激活函数的全连接层。

（8）具有 50 个神经元和 ReLU 激活函数的全连接层。

（9）输出层。

采用与简单卷积神经网络相同的编译方式和训练方法，完整代码如下：

```
from keras.datasets import mnist
import numpy as np
from keras.models import Sequential
from keras.layers import Dense
from keras.layers import Dropout
from keras.layers import Flatten
from keras.layers.convolutional import  Conv2D
from keras.layers.convolutional import MaxPooling2D
from keras.utils import np_utils
from keras import backend
backend.set_image_data_format('channels_first')


# 设定随机数种子
seed = 7
np.random.seed(seed)

# 从 Keras 导入 MNIST 数据集
(X_train, y_train), (X_validation, y_validation) = mnist.load_data()

X_train = X_train.reshape(X_train.shape[0], 1, 28, 28).astype('float32')
X_validation  =  X_validation.reshape(X_validation.shape[0],  1,  28,  28).
astype('float32')

# 格式化数据到 0~1
X_train = X_train / 255
X_validation = X_validation / 255

# 进行 one-hot 编码
y_train = np_utils.to_categorical(y_train)
y_validation = np_utils.to_categorical(y_validation)
```

```
# 创建模型
def create_model():
    model = Sequential()
    model.add(Conv2D(30, (5, 5), input_shape=(1, 28, 28), activation='relu'))
    model.add(MaxPooling2D(pool_size=(2, 2)))
    model.add(Conv2D(15, (3, 3), activation='relu'))
    model.add(MaxPooling2D(pool_size=(2, 2)))
    model.add(Dropout(0.2))
    model.add(Flatten())
    model.add(Dense(units=128, activation='relu'))
    model.add(Dense(units=50, activation='relu'))
    model.add(Dense(units=10, activation='softmax'))

    # 编译模型
    model.compile(loss='categorical_crossentropy', optimizer='adam',
metrics=['accuracy'])
    return model

model = create_model()
model.fit(X_train, y_train, epochs=10, batch_size=200, verbose=2)

score = model.evaluate(X_validation, y_validation, verbose=0)
print('CNN_Large: %.2f%%' % (score[1] * 100))
```

从结果可以看到，识别准确度为 99.18%，有一定程度的提升。当准确度在 90%以上时，即使轻微的提升也是难能可贵的。执行结果如下：

```
Epoch 1/10
176s - loss: 0.3918 - acc: 0.8804
Epoch 2/10
163s - loss: 0.0954 - acc: 0.9708
Epoch 3/10
169s - loss: 0.0694 - acc: 0.9787
Epoch 4/10
177s - loss: 0.0563 - acc: 0.9826
Epoch 5/10
155s - loss: 0.0478 - acc: 0.9851
```

```
Epoch 6/10
154s - loss: 0.0433 - acc: 0.9862
Epoch 7/10
156s - loss: 0.0383 - acc: 0.9877
Epoch 8/10
154s - loss: 0.0343 - acc: 0.9893
Epoch 9/10
153s - loss: 0.0320 - acc: 0.9902
Epoch 10/10
153s - loss: 0.0273 - acc: 0.9910
CNN_Large: 99.18%
```

14 Keras 中的图像增强

在使用神经网络构建深度学习模型时，对数据的预处理能够提高模型的准确度。在更复杂的对象识别任务中也需要增强数据来提高准确度，本章将介绍在使用 Keras 进行数据准备的过程中如何增强图像数据集。

14.1 Keras 中的图像增强 API

在 Keras 中提供了对图像增强的 API,这个 API 与大多 Keras 的 API 一样简单易用。在 Keras 中通过类 ImageDataGenerator 来实现图像增强处理的功能，这些功能包括：

- 特征标准化。
- ZCA 白化。
- 随机旋转、移动、剪切和反转图像。
- 维度排序。
- 保存增强后的图像。

下面的代码生成一个图像增强类的实例，代码如下：

```
from keras.preprocessing.image import ImageDataGenerator

imgGen = ImageDataGenerator()
```

API 被设计为通过深度学习模型的训练过程，迭代对图像数据集进行实时的图像增强操作，而不是在内存中对整个图像数据集执行操作。这减少了内存开销，但也在模型训练期间增加了一些额外的时间成本。创建并配置 ImageDataGenerator 之后，通过 fit() 函数使其适用于数据集，这个过程计算实际执行图像数据转换中所需的全部统计信息，代码如下：

```
imgGen.fit(train_dataset)
```

实际上，ImageDataGenerator 本身是一个迭代器，在请求时返回批次的图像样本。可以通过 flow()函数来配置 batch_size，并准备数据生成器且生成图像，代码如下：

```
X_batch, y_batch = imgGen.flow(X_train, y_train, batch_size = 16)
```

在训练模型时，通过调用 fit_generator()函数，代替 fit()函数，并使用配置好的 ImageDataGenerator，同时传入每个 epoch 的期待长度及 epoch 的总数。

```
model.fit_generator(imgGen, steps_per_epoch=len(train), epochs=10)
```

14.2 增强前的图像

在开始增强图像前，先看一下需要增强的图像。通过 MNIST 手写数字数据集来演示 Keras 对图像的增强处理。查看 MNIST 数据集的训练数据集中最初的 9 张图片，代码如下：

```
from keras.datasets import mnist
from matplotlib import pyplot as plt

# 从 Keras 导入 MNIST 数据集
(X_train, y_train), (X_validation, y_validation) = mnist.load_data()

# 显示 9 张手写数字的图片
for i in range(0, 9):
```

```
    plt.subplot(331 + i)
    plt.imshow(X_train[i], cmap=plt.get_cmap('gray'))

plt.show()
```

执行代码，可以看到最初的 9 张图片，如图 14-1 所示。

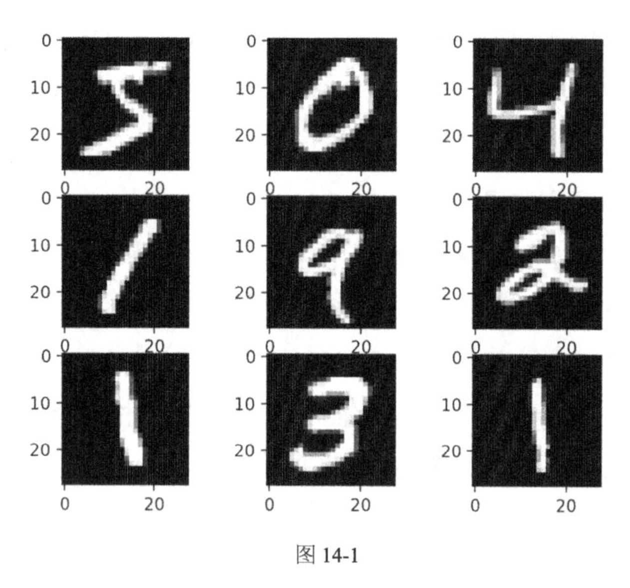

图 14-1

14.3 特征标准化

对整个图像数据集的像素进行标准化，被称为特征标准化。对图像数据集的标准化，与对其他数据集的标准化一样，都能提高神经网络算法的性能。在 Keras 中，可以通过设置 ImageDataGenerator 类的 featurewise_center 和 featurewise_std_normalization 参数，来实现对整个图像数据集的标准化，代码如下：

```
from keras.datasets import mnist
from keras.preprocessing.image import ImageDataGenerator
from matplotlib import pyplot as plt
from keras import backend

backend.set_image_data_format('channels_first')
```

```
# 导入数据
(X_train, y_train), (X_validation, y_validation) = mnist.load_data()

X_train = X_train.reshape(X_train.shape[0], 1, 28, 28).astype('float32')
X_validation = X_validation.reshape(X_validation.shape[0], 1, 28, 28).
astype('float32')

# 图像特征标准化
imgGen = ImageDataGenerator(featurewise_center=True,
featurewise_std_normalization=True)
imgGen.fit(X_train)

for X_batch, y_batch in imgGen.flow(X_train, y_train, batch_size=9):
    for i in range(0, 9):
        plt.subplot(331 + i)
        plt.imshow(X_batch[i].reshape(28, 28), cmap=plt.get_cmap('gray'))
    plt.show()
    break
```

执行结果如图 14-2 所示。

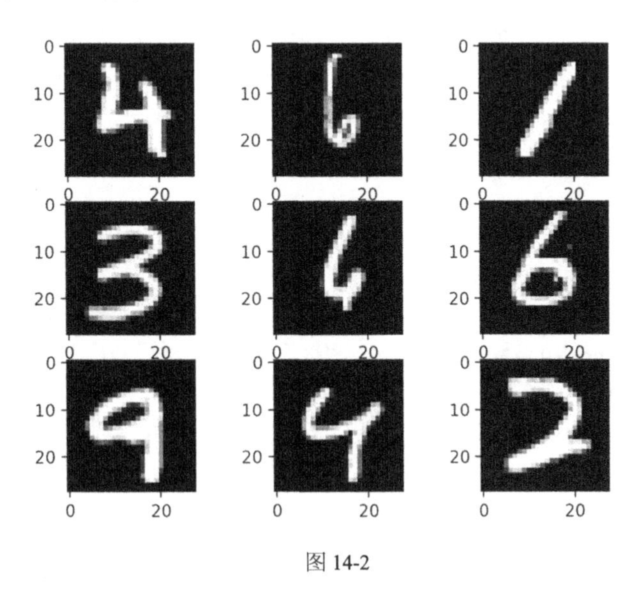

图 14-2

14.4 ZCA 白化

图像的白化处理是线性代数操作，能够减少图像像素矩阵的冗余和相关性。图像中较少的冗余能够更好地将图像中的结构和特征突出显示给学习算法。目前比较常用的白化处理包括：使用主成分分析（PCA）技术进行图像白化处理和 ZCA 白化处理。ZCA 白化转换后的图像保持原始尺寸，并显示出数据集在机器学习的模型中具有更好的结果。最近，ZCA 白化被证明具有更好的适用性。在 Keras 中，通过将 zca_whitening 参数设置为 True 来执行 ZCA 白化处理，代码如下：

```
from keras.datasets import mnist
from keras.preprocessing.image import ImageDataGenerator
from matplotlib import pyplot as plt
from keras import backend

backend.set_image_data_format('channels_first')

# 导入数据
(X_train, y_train), (X_validation, y_validation) = mnist.load_data()

X_train = X_train.reshape(X_train.shape[0], 1, 28, 28).astype('float32')
X_validation = X_validation.reshape(X_validation.shape[0], 1, 28, 28).
astype('float32')

# ZCA 白化
imgGen = ImageDataGenerator(zca_whitening=True)
imgGen.fit(X_train)

for X_batch, y_batch in imgGen.flow(X_train, y_train, batch_size=9):
    for i in range(0, 9):
        plt.subplot(331 + i)
        plt.imshow(X_batch[i].reshape(28, 28), cmap=plt.get_cmap('gray'))
    plt.show()
    break
```

执行结果如图 14-3 所示。

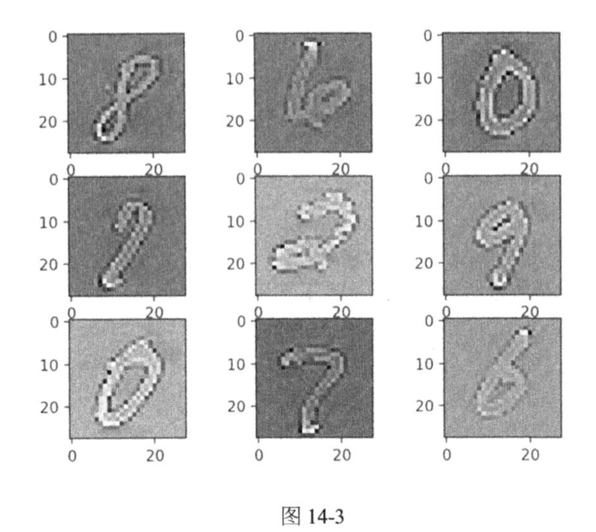

图 14-3

14.5 随机旋转、移动、剪切和反转图像

样本数据中的图像可能会在不同的场景中有变化和不确定的旋转。在对模型进行训练时，为了更好地处理这些图像，有时需要对图像进行旋转、移动或反转。下面的示例使用 MNIST 数据集中的图片，来展示如何在 Keras 中对图像进行旋转、移动、剪切和反转处理，代码如下：

```
from keras.datasets import mnist
from keras.preprocessing.image import ImageDataGenerator
from matplotlib import pyplot as plt
from keras import backend

backend.set_image_data_format('channels_first')

# 导入数据
(X_train, y_train), (X_validation, y_validation) = mnist.load_data()

X_train = X_train.reshape(X_train.shape[0], 1, 28, 28).astype('float32')
X_validation = X_validation.reshape(X_validation.shape[0], 1, 28, 28).
astype('float32')
```

```
# 图像旋转
imgGen = ImageDataGenerator(rotation_range=90)
imgGen.fit(X_train)

for X_batch, y_batch in imgGen.flow(X_train, y_train, batch_size=9):
    for i in range(0, 9):
        plt.subplot(331 + i)
        plt.imshow(X_batch[i].reshape(28, 28), cmap=plt.get_cmap('gray'))
    plt.show()
    break

# 图像移动
imgGen = ImageDataGenerator(width_shift_range=0.2, height_shift_range=0.2)
imgGen.fit(X_train)

for X_batch, y_batch in imgGen.flow(X_train, y_train, batch_size=9):
    for i in range(0, 9):
        plt.subplot(331 + i)
        plt.imshow(X_batch[i].reshape(28, 28), cmap=plt.get_cmap('gray'))
    plt.show()
    break

# 图像剪切
imgGen = ImageDataGenerator(shear_range=0.2)
imgGen.fit(X_train)

for X_batch, y_batch in imgGen.flow(X_train, y_train, batch_size=9):
    for i in range(0, 9):
        plt.subplot(331 + i)
        plt.imshow(X_batch[i].reshape(28, 28), cmap=plt.get_cmap('gray'))
    plt.show()
    break

# 图像反转
imgGen = ImageDataGenerator(horizontal_flip=True, vertical_flip=True)
imgGen.fit(X_train)
```

```
for X_batch, y_batch in imgGen.flow(X_train, y_train, batch_size=9):
    for i in range(0, 9):
        plt.subplot(331 + i)
        plt.imshow(X_batch[i].reshape(28, 28), cmap=plt.get_cmap('gray'))
    plt.show()
    break
```

旋转图片的执行结果如图 14-4 所示，移动图片的执行结果如图 14-5 所示，剪切图片的执行结果如图 14-6 所示，反转图片的执行结果如图 14-7 所示。

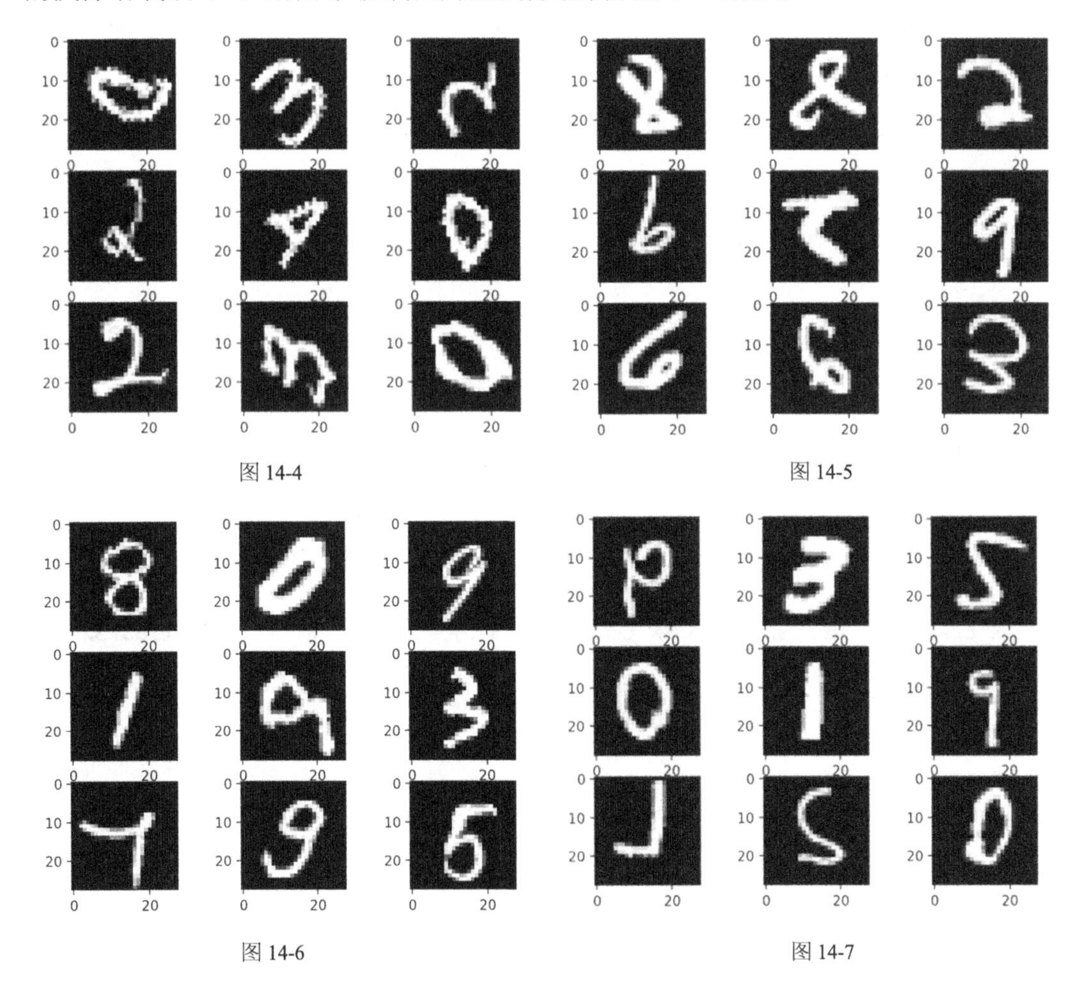

图 14-4

图 14-5

图 14-6

图 14-7

14.6 保存增强后的图像

可以使用 Keras 实时地生成增强图像来训练模型，但是，当同时在多个模型的训练过程中使用这些增强图像时，若每次都通过 Keras 实时生成，时间开销非常大。Keras 提供了保存生成增强图像的方法，允许保存训练过程中生成的图像。通过指定函数 flow() 的目录参数、文件名前缀和图像文件类型，可以在训练过程中将生成的图像保存到文件。

需要注意的是，图像保存过程中用到了 PIL 库，因为 PIL 仅支持 Python 2.x，在 Python 3 下可以安装 PIL 的分支 Pillow，并且 Pillow 也支持 Python 2.x。因此，为了简便，不管 Python 的版本是多少，都安装 Pillow。

在下面的例子中，将 9 个图像保存为前缀是 oct 的 PNG 格式的图像文件，并放到 image 子目录中，代码如下：

```
from keras.datasets import mnist
from keras.preprocessing.image import ImageDataGenerator
from matplotlib import pyplot as plt
from keras import backend
import os

backend.set_image_data_format('channels_first')

# 导入数据
(X_train, y_train), (X_validation, y_validation) = mnist.load_data()

X_train = X_train.reshape(X_train.shape[0], 1, 28, 28).astype('float32')
X_validation = X_validation.reshape(X_validation.shape[0], 1, 28, 28).
astype('float32')

# ZCA 白化
imgGen = ImageDataGenerator(zca_whitening=True)
imgGen.fit(X_train)

# 创建目录并保存图像
try:
```

```
        os.mkdir('image')
    except:
        print('The fold is exist!')
    for X_batch, y_batch in imgGen.flow(X_train, y_train, batch_size=9,
save_to_dir='image', save_prefix='oct',
                                        save_format='png'):
        for i in range(0, 9):
            plt.subplot(331 + i)
            plt.imshow(X_batch[i].reshape(28, 28), cmap=plt.get_cmap('gray'))
        plt.show()
        break
```

执行代码,可以看到生成的 image 子目录,并且在其中保存了如图 14-8 所示的图片。

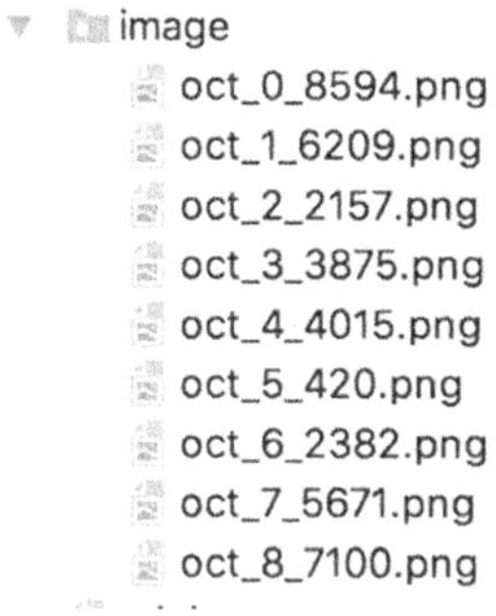

image
oct_0_8594.png
oct_1_6209.png
oct_2_2157.png
oct_3_3875.png
oct_4_4015.png
oct_5_420.png
oct_6_2382.png
oct_7_5671.png
oct_8_7100.png

图 14-8

15 图像识别实例：CIFAR-10 分类

图像识别是卷积神经网络的主要应用之一。在本章将会通过 CIFAR-10 这个比较经典的数据集，进一步来说明卷积神经网络在图像识别方面的应用。

15.1 问题描述

这个数据集由 Alex Krizhevsky、Vinod Nair 和 Geoffrey Hinton 收集整理，共包含了 60000 张 32×32 的彩色图像，50000 张用于训练模型、10000 张用于评估模型。可以从其主页（http://www.cs.toronto.edu/~kriz/cifar.html）下载。训练数据集被均匀地分成 10 个类别，每个类别刚好包含 5000 张图片。这 10 个类别如图 15-1 所示。

针对这个数据集，目前在 Rodrigo Benenson 的主页（http://rodrigob.github.io/are_we_there_yet/build/classification_datasets_results.html）上，报告的最新准确度是 96%以上。

图 15-1

15.2 导入数据

Keras 提供了数据加载的函数，可以非常简单地导入数据集，第一次导入数据时，Keras 会从网络下载数据到本地，之后就可以直接从本地加载数据，用于神经网络模型的训练。数据导入时，会直接被分割成训练数据集和评估数据集两部分。同时，为了确保每次执行模型产生相同的模型，数据导入之后会设定随机数种子，并查看最初的 9 张图片，代码如下：

```
from keras.datasets import cifar10
from matplotlib import pyplot as plt
from scipy.misc import toimage
import numpy as np

# 导入数据
(X_train, y_train), (X_validation, y_validation) = cifar10.load_data()

for i in range(0, 9):
    plt.subplot(331 + i)
    plt.imshow(toimage(X_train[i]))
```

```
# 显示图片
plt.show()

# 设定随机数种子
seed = 7
np.random.seed(seed)
```

执行上述代码会显示一个三行三列的图片（见图 15-2）。

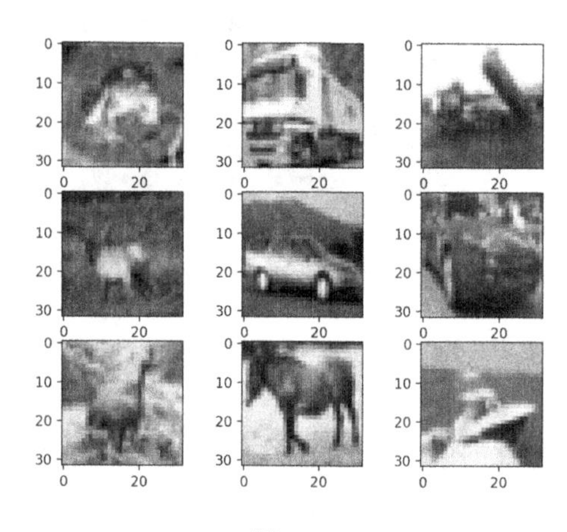

图 15-2

15.3 简单卷积神经网络

首先构建一个简单的卷积神经网络（CNN），来验证卷积神经网络在这个数据集上的性能，并以此为基础对网络进行优化，逐步提高模型的准确度。

数据集中的图像是像素 32×32 的彩色图片，因此数据中包含红、蓝、绿三个维度，范围是 0～255 的像素值。在使用数据训练算法前，简单地将数据调整到 0～1。输出结果具有 10 个分类，因此需要将其进行 one-hot 编码，以适用于模型的输出。

这个简单的卷积神经网络具有两个卷积层、一个池化层、一个 Flatten 层和一个全连接层，网络拓扑结构如下：

（1）卷积层，具有 32 个特征图，感受野大小为 3×3。

（2）Dropout 层，Dropout 概率为 20%。

（3）卷积层，具有 32 个特征图，感受野大小为 3×3。

（4）Dropout 概率为 20%的 Dropout 层。

（5）采样因子（pool_size）为 2×2 的池化层。

（6）Flatten 层。

（7）具有 512 个神经元和 ReLU 激活函数的全连接层。

（8）Dropout 概率为 50%的 Dropout 层。

（9）具有 10 个神经元的输出层，激活函数为 softmax。

完整的代码如下：

```
import numpy as np
from keras.datasets import cifar10
from keras.models import Sequential
from keras.layers import Dense
from keras.layers import Dropout
from keras.layers import Flatten
from keras.layers.convolutional import Conv2D
from keras.layers.convolutional import MaxPooling2D
from keras.optimizers import SGD
from keras.constraints import maxnorm
from keras.utils import np_utils
from keras import backend
backend.set_image_data_format('channels_first')

# 设定随机数种子
seed = 7
np.random.seed(seed=seed)

# 导入数据
(X_train, y_train), (X_validation, y_validation) = cifar10.load_data()
```

```
# 格式化数据到 0～1
X_train = X_train.astype('float32')
X_validation = X_validation.astype('float32')
X_train = X_train / 255.0
X_validation = X_validation / 255.0

# 进行 one-hot 编码
y_train = np_utils.to_categorical(y_train)
y_validation = np_utils.to_categorical(y_validation)
num_classes = y_train.shape[1]

def create_model(epochs=25):
    model = Sequential()
    model.add(Conv2D(32, (3, 3), input_shape=(3, 32, 32), padding='same',
activation='relu', kernel_constraint=maxnorm(3)))
    model.add(Dropout(0.2))
    model.add(Conv2D(32, (3, 3), activation='relu', padding='same',
kernel_constraint=maxnorm(3)))
    model.add(MaxPooling2D(pool_size=(2, 2)))
    model.add(Flatten())
    model.add(Dense(512, activation='relu', kernel_constraint=maxnorm(3)))
    model.add(Dropout(0.5))
    model.add(Dense(10, activation='softmax'))
    lrate = 0.01
    decay = lrate / epochs
    sgd = SGD(lr=lrate, momentum=0.9, decay=decay, nesterov=False)
    model.compile(loss='categorical_crossentropy', optimizer=sgd,
metrics=['accuracy'])
    return model

epochs = 25
model = create_model(epochs)
model.fit(x=X_train, y=y_train, epochs=epochs, batch_size=32, verbose=2)
scores = model.evaluate(x=X_validation, y=y_validation, verbose=0)
print('Accuracy: %.2f%%' % (scores[1] * 100))
```

执行代码，可以看到准确度为 70.34%。结果如下：

```
Epoch 1/25
1072s - loss: 1.7102 - acc: 0.3803
Epoch 2/25
862s - loss: 1.3633 - acc: 0.5077
Epoch 3/25
738s - loss: 1.1870 - acc: 0.5765
Epoch 4/25
734s - loss: 1.0604 - acc: 0.6211
Epoch 5/25
734s - loss: 0.9541 - acc: 0.6633
Epoch 6/25
729s - loss: 0.8698 - acc: 0.6905
Epoch 7/25
732s - loss: 0.7975 - acc: 0.7189
Epoch 8/25
730s - loss: 0.7316 - acc: 0.7423
Epoch 9/25
729s - loss: 0.6711 - acc: 0.7628
Epoch 10/25
728s - loss: 0.6191 - acc: 0.7814
Epoch 11/25
727s - loss: 0.5746 - acc: 0.7988
Epoch 12/25
727s - loss: 0.5337 - acc: 0.8129
Epoch 13/25
729s - loss: 0.4982 - acc: 0.8244
Epoch 14/25
722s - loss: 0.4592 - acc: 0.8361
Epoch 15/25
725s - loss: 0.4292 - acc: 0.8482
Epoch 16/25
724s - loss: 0.3988 - acc: 0.8585
Epoch 17/25
724s - loss: 0.3753 - acc: 0.8685
Epoch 18/25
723s - loss: 0.3501 - acc: 0.8767
Epoch 19/25
```

```
725s - loss: 0.3318 - acc: 0.8856
Epoch 20/25
723s - loss: 0.3159 - acc: 0.8892
Epoch 21/25
724s - loss: 0.2924 - acc: 0.8967
Epoch 22/25
723s - loss: 0.2791 - acc: 0.9029
Epoch 23/25
726s - loss: 0.2654 - acc: 0.9072
Epoch 24/25
723s - loss: 0.2593 - acc: 0.9092
Epoch 25/25
725s - loss: 0.2447 - acc: 0.9152
Accuracy: 70.34%
```

15.4 大型卷积神经网络

我们已经测试了一个结构简单的卷积神经网络（CNN），其在验证数据集上的准确度只有 70.34%，接下来设计一个复杂的网络拓扑，测试是否能够提高模型在评估集上的准确度。

在这个卷积神经网络中，按照特征图是 32、64、128 各两次重复构建模型。模型的拓扑描述如下：

（1）卷积层，具有 32 个特征图，感受野大小为 3×3。

（2）Dropout 层，Dropout 概率为 20%。

（3）卷积层，具有 32 个特征图，感受野大小为 3×3。

（4）采样因子（pool_size）为 2×2 的池化层。

（5）卷积层，具有 64 个特征图，感受野大小为 3×3。

（6）Dropout 概率为 20%的 Dropout 层。

（7）卷积层，具有 64 个特征图，感受野大小为 3×3。

（8）采样因子（pool_size）为 2×2 的池化层。

（9）卷积层，具有 128 个特征图，感受野大小为 3×3。

（10）Dropout 概率为 20%的 Dropout 层。

（11）卷积层，具有 128 个特征图，感受野大小为 3×3。

（12）采样因子（pool_size）为 2×2 的池化层。

（13）Flatten 层。

（14）Dropout 概率为 20%的 Dropout 层。

（15）具有 1024 个神经元和 ReLU 激活函数的全连接层。

（16）Dropout 概率为 20%的 Dropout 层。

（17）具有 512 个神经元和 ReLU 激活函数的全连接层。

（18）Dropout 概率为 20%的 Dropout 层。

（19）具有 10 个神经元的输出层，激活函数为 softmax。

代码如下：

```
import numpy as np
from keras.datasets import cifar10
from keras.models import Sequential
from keras.layers import Dense
from keras.layers import Dropout
from keras.layers import Flatten
from keras.layers.convolutional import Conv2D
from keras.layers.convolutional import MaxPooling2D
from keras.optimizers import SGD
from keras.constraints import maxnorm
from keras.utils import np_utils
```

```
from keras import backend
backend.set_image_data_format('channels_first')

# 设定随机数种子
seed = 7
np.random.seed(seed=seed)

# 导入数据
(X_train, y_train), (X_validation, y_validation) = cifar10.load_data()

# 格式化数据到 0～1
X_train = X_train.astype('float32')
X_validation = X_validation.astype('float32')
X_train = X_train / 255.0
X_validation = X_validation / 255.0

# one-hot 编码
y_train = np_utils.to_categorical(y_train)
y_validation = np_utils.to_categorical(y_validation)
num_classes = y_train.shape[1]

def create_model(epochs=25):
    model = Sequential()
    model.add(Conv2D(32, (3, 3), input_shape=(3, 32, 32), padding='same', 
activation='relu', kernel_constraint=maxnorm(3)))
    model.add(Dropout(0.2))
    model.add(Conv2D(32, (3, 3), activation='relu', padding='same', 
kernel_constraint=maxnorm(3)))
    model.add(MaxPooling2D(pool_size=(2, 2)))
    model.add(Conv2D(64, (3, 3), activation='relu', padding='same', 
kernel_constraint=maxnorm(3)))
    model.add(Dropout(0.2))
    model.add(Conv2D(64, (3, 3), activation='relu', padding='same', 
kernel_constraint=maxnorm(3)))
    model.add(MaxPooling2D(pool_size=(2, 2)))
    model.add(Conv2D(128, (3, 3), activation='relu', padding='same', 
kernel_constraint=maxnorm(3)))
```

```
    model.add(Dropout(0.2))
    model.add(Conv2D(128, (3, 3), activation='relu', padding='same',
kernel_constraint=maxnorm(3)))
    model.add(MaxPooling2D(pool_size=(2, 2)))
    model.add(Flatten())
    model.add(Dropout(0.2))
    model.add(Dense(1024, activation='relu', kernel_constraint=maxnorm(3)))
    model.add(Dropout(0.2))
    model.add(Dense(512, activation='relu', kernel_constraint=maxnorm(3)))
    model.add(Dropout(0.2))
    model.add(Dense(10, activation='softmax'))
    lrate = 0.01
    decay = lrate / epochs
    sgd = SGD(lr=lrate, momentum=0.9, decay=decay, nesterov=False)
    model.compile(loss='categorical_crossentropy',          optimizer=sgd,
metrics=['accuracy'])
    return model

epochs = 25
model = create_model(epochs)
model.fit(x=X_train, y=y_train, epochs=epochs, batch_size=32, verbose=2)
scores = model.evaluate(x=X_validation, y=y_validation, verbose=0)
print('Accuracy: %.2f%%' % (scores[1] * 100))
```

执行代码，可以看到准确度为 75.75%。结果如下：

```
Epoch 1/25

1010s - loss: 1.9216 - acc: 0.2895
Epoch 2/25
924s - loss: 1.5125 - acc: 0.4488
Epoch 3/25
837s - loss: 1.3421 - acc: 0.5137
Epoch 4/25
835s - loss: 1.2282 - acc: 0.5557
Epoch 5/25
834s - loss: 1.1359 - acc: 0.5921
Epoch 6/25
```

```
839s - loss: 1.0635 - acc: 0.6194
Epoch 7/25
838s - loss: 1.0049 - acc: 0.6418
Epoch 8/25
836s - loss: 0.9599 - acc: 0.6589
Epoch 9/25
835s - loss: 0.9237 - acc: 0.6706
Epoch 10/25
833s - loss: 0.8919 - acc: 0.6848
Epoch 11/25
836s - loss: 0.8638 - acc: 0.6930
Epoch 12/25
837s - loss: 0.8408 - acc: 0.7040
Epoch 13/25
838s - loss: 0.8172 - acc: 0.7119
Epoch 14/25
834s - loss: 0.7987 - acc: 0.7199
Epoch 15/25
836s - loss: 0.7767 - acc: 0.7255
Epoch 16/25
833s - loss: 0.7630 - acc: 0.7315
Epoch 17/25
834s - loss: 0.7483 - acc: 0.7352
Epoch 18/25
835s - loss: 0.7354 - acc: 0.7396
Epoch 19/25
835s - loss: 0.7202 - acc: 0.7443
Epoch 20/25
839s - loss: 0.7119 - acc: 0.7490
Epoch 21/25
880s - loss: 0.7033 - acc: 0.7521
Epoch 22/25
835s - loss: 0.6958 - acc: 0.7553
Epoch 23/25
834s - loss: 0.6796 - acc: 0.7590
Epoch 24/25
835s - loss: 0.6726 - acc: 0.7625
```

```
Epoch 25/25
835s - loss: 0.6667 - acc: 0.7638
Accuracy: 75.75%
```

15.5 改进模型

大型的卷积神经网络的准确度，虽然在评估数据集上有了大幅提高，但是与目前发表的论文中的准确度相比，还有非常大的差距。接下来跟着论文来实现一个卷积神经网络，看看准确度能够提高到什么程度。将论文中的模型应用到实践中，是在实践中得到高准确度模型的有效方法之一。参照 Network In Network 这篇论文（https://arxiv.org/pdf/1312.4400.pdf）来实现一个改进的模型。这篇论文中的模型很重要的一个改进是，池化层采用了 GlobalAveragePooling。模型的网络拓扑结构如下：

（1）卷积层，具有 192 个特征图，感受野大小为 5×5。

（2）卷积层，具有 160 个特征图，感受野大小为 1×1。

（3）卷积层，具有 96 个特征图，感受野大小为 1×1。

（4）采样因子（pool_size）为 3×3，步长为 2×2 的池化层。

（5）Dropout 概率为 50%的 Dropout 层。

（6）卷积层，具有 192 个特征图，感受野大小为 5×5。

（7）卷积层，具有 192 个特征图，感受野大小为 1×1。

（8）卷积层，具有 192 个特征图，感受野大小为 1×1。

（9）采样因子（pool_size）为 3×3，步长为 2×2 的池化层。

（10）Dropout 概率为 50%的 Dropout 层。

（11）卷积层，具有 192 个特征图，感受野大小为 5×5。

（12）卷积层，具有 192 个特征图，感受野大小为 1×1。

（13）卷积层，具有 10 个特征图，感受野大小为 1×1。

（14）使用 GlobalAveragePooling 作为最后一个池化层。

（15）激活层，使用激活函数 softmax。

完整代码如下：

```
import keras
import numpy as np
from keras.datasets import cifar10
from keras.models import Sequential
from keras.layers import Dropout, Activation
from keras.layers import Conv2D, MaxPooling2D, GlobalAveragePooling2D
from keras.initializers import RandomNormal
from keras import optimizers
from keras.callbacks import LearningRateScheduler, TensorBoard

batch_size = 128
epochs = 200
iterations = 391
num_classes = 10
dropout = 0.5
log_filepath = './nin'


def normalize_preprocessing(x_train, x_validation):
    x_train = x_train.astype('float32')
    x_validation = x_validation.astype('float32')
    mean = [125.307, 122.95, 113.865]
    std = [62.9932, 62.0887, 66.7048]
    for i in range(3):
        x_train[:, :, :, i] = (x_train[:, :, :, i] - mean[i]) / std[i]
        x_validation[:, :, :, i] = (x_validation[:, :, :, i] - mean[i]) / std[i]

    return x_train, x_validation
```

```
def scheduler(epoch):
    if epoch <= 60:
        return 0.05
    if epoch <= 120:
        return 0.01
    if epoch <= 160:
        return 0.002
    return 0.0004


def build_model():
    model = Sequential()

    model.add(Conv2D(192, (5, 5), padding='same',
kernel_regularizer=keras.regularizers.l2(0.0001),
                     kernel_initializer=RandomNormal(stddev=0.01),
input_shape=x_train.shape[1:],
                     activation='relu'))
    model.add(Conv2D(160, (1, 1), padding='same',
kernel_regularizer=keras.regularizers.l2(0.0001),
                     kernel_initializer=RandomNormal(stddev=0.05),
activation='relu'))
    model.add(Conv2D(96, (1, 1), padding='same',
kernel_regularizer=keras.regularizers.l2(0.0001),
                     kernel_initializer=RandomNormal(stddev=0.05),
activation='relu'))
    model.add(MaxPooling2D(pool_size=(3, 3), strides=(2, 2), padding='same'))

    model.add(Dropout(dropout))

    model.add(Conv2D(192, (5, 5), padding='same',
kernel_regularizer=keras.regularizers.l2(0.0001),
                     kernel_initializer=RandomNormal(stddev=0.05),
activation='relu'))
    model.add(Conv2D(192, (1, 1), padding='same',
kernel_regularizer=keras.regularizers.l2(0.0001),
```

```
                    kernel_initializer=RandomNormal(stddev=0.05),
activation='relu'))
      model.add(Conv2D(192, (1, 1), padding='same',
kernel_regularizer=keras.regularizers.l2(0.0001),
                    kernel_initializer=RandomNormal(stddev=0.05),
activation='relu'))
      model.add(MaxPooling2D(pool_size=(3, 3), strides=(2, 2), padding='same'))

      model.add(Dropout(dropout))

      model.add(Conv2D(192, (3, 3), padding='same',
kernel_regularizer=keras.regularizers.l2(0.0001),
                    kernel_initializer=RandomNormal(stddev=0.05),
activation='relu'))
      model.add(Conv2D(192, (1, 1), padding='same',
kernel_regularizer=keras.regularizers.l2(0.0001),
                    kernel_initializer=RandomNormal(stddev=0.05),
activation='relu'))
      model.add(Conv2D(10, (1, 1), padding='same',
kernel_regularizer=keras.regularizers.l2(0.0001),
                    kernel_initializer=RandomNormal(stddev=0.05),
activation='relu'))

      model.add(GlobalAveragePooling2D())
      model.add(Activation('softmax'))

      sgd = optimizers.SGD(lr=0.1, momentum=0.9, nesterov=True)
      model.compile(loss='categorical_crossentropy', optimizer=sgd,
metrics=['accuracy'])
      return model


   if __name__ == '__main__':
      np.random.seed(seed=7)
      # 导入数据
      (x_train, y_train), (x_validation, y_validation) = cifar10.load_data()
```

```
    y_train = keras.utils.to_categorical(y_train, num_classes)
    y_validation = keras.utils.to_categorical(y_validation, num_classes)

    x_train, x_validation = normalize_preprocessing(x_train, x_validation)

    # 构建神经网络
    model = build_model()
    print(model.summary())

    # 设置回调函数，实现学习率衰减
    tb_cb = TensorBoard(log_dir=log_filepath, histogram_freq=0)
    change_lr = LearningRateScheduler(scheduler)
    cbks = [change_lr, tb_cb]

    model.fit(x_train, y_train, batch_size=batch_size, epochs=epochs,
callbacks=cbks,
             validation_data=(x_validation, y_validation), verbose=2)
    model.save('nin.h5')
```

在阿里云的CPU上执行代码，大概运算了5天多的时间，可以看到准确度为87.96%，相比自己定义的卷积神经网络具有大幅提高。执行结果如下：

```
_________________________________________________________________
Layer (type)                 Output Shape              Param #
=================================================================
conv2d_1 (Conv2D)            (None, 32, 32, 192)       14592
_________________________________________________________________
conv2d_2 (Conv2D)            (None, 32, 32, 160)       30880
_________________________________________________________________
conv2d_3 (Conv2D)            (None, 32, 32, 96)        15456
_________________________________________________________________
max_pooling2d_1 (MaxPooling2 (None, 16, 16, 96)         0
_________________________________________________________________
dropout_1 (Dropout)          (None, 16, 16, 96)         0
_________________________________________________________________
conv2d_4 (Conv2D)            (None, 16, 16, 192)       460992
_________________________________________________________________
```

```
conv2d_5 (Conv2D)            (None, 16, 16, 192)       37056
_________________________________________________________________
conv2d_6 (Conv2D)            (None, 16, 16, 192)       37056
_________________________________________________________________
max_pooling2d_2 (MaxPooling2 (None, 8, 8, 192)         0
_________________________________________________________________
dropout_2 (Dropout)          (None, 8, 8, 192)         0
_________________________________________________________________
conv2d_7 (Conv2D)            (None, 8, 8, 192)         331968
_________________________________________________________________
conv2d_8 (Conv2D)            (None, 8, 8, 192)         37056
_________________________________________________________________
conv2d_9 (Conv2D)            (None, 8, 8, 10)          1930
_________________________________________________________________
global_average_pooling2d_1 ( (None, 10)                0
_________________________________________________________________
activation_1 (Activation)    (None, 10)                0
=================================================================
Total params: 966,986
Trainable params: 966,986
Non-trainable params: 0
_________________________________________________________________
None
Train on 50000 samples, validate on 10000 samples
Epoch 1/200
2542s - loss: 2.3949 - acc: 0.1704 - val_loss: 2.2161 - val_acc: 0.2324
Epoch 2/200
2208s - loss: 2.0795 - acc: 0.3152 - val_loss: 1.9242 - val_acc: 0.3929
Epoch 3/200
2213s - loss: 1.8997 - acc: 0.3984 - val_loss: 1.8340 - val_acc: 0.4289
Epoch 4/200
2202s - loss: 1.7552 - acc: 0.4596 - val_loss: 1.7108 - val_acc: 0.4786
Epoch 5/200
2209s - loss: 1.6418 - acc: 0.4970 - val_loss: 1.5684 - val_acc: 0.5230
...
Epoch 196/200
```

```
2196s - loss: 0.2446 - acc: 0.9901 - val_loss: 0.7338 - val_acc: 0.8787
Epoch 197/200
2591s - loss: 0.2443 - acc: 0.9903 - val_loss: 0.7337 - val_acc: 0.8792
Epoch 198/200
2302s - loss: 0.2444 - acc: 0.9896 - val_loss: 0.7340 - val_acc: 0.8792
Epoch 199/200
2489s - loss: 0.2434 - acc: 0.9909 - val_loss: 0.7310 - val_acc: 0.8796
Epoch 200/200
2195s - loss: 0.2459 - acc: 0.9897 - val_loss: 0.7316 - val_acc: 0.8796
```

16 情感分析实例：IMDB 影评情感分析

情感分析是自然语言处理中很重要的一个方向，目的是让计算机理解文本中包含的情感信息。在这里将通过 IMDB（互联网电影资料库）收集的对电影评论的数据集，分析某部电影是一部好电影还是一部不好的电影，借此研究情感分析问题。

16.1 问题描述

在这里使用 IMDB 提供的数据集中的评论信息来分析一部电影的好坏，数据集由 IMDB（http://www.imdb.com/interfaces/）提供，其中包含了 25000 部电影的评价信息。该数据集是斯坦福大学的研究员整理的，在 2011 年的论文中，采用该数据集的 50%用于训练，50%用于评估算法模型，达到 88.89%的准确度。

16.2 导入数据

Keras 提供了导入 IMDB 数据集的函数，在这里直接使用 Keras 的 imdb.load_data() 函数导入数据。为了便于在模型训练中使用数据集，Keras 提供的数据集将单词转化成整数，这个整数代表单词在整个数据集中的流行程度。

导入数据之后，将训练数据集和评估数据集合并，并查看相关统计信息，如中值和标准差，结果通过箱线图和直方图展示，代码如下：

```
from keras.datasets import imdb
import numpy as np
from matplotlib import pyplot as plt

(x_train, y_train), (x_validation, y_validation) = imdb.load_data()

# 合并训练数据集和评估数据集
x = np.concatenate((x_train, x_validation), axis=0)
y = np.concatenate((y_train, y_validation), axis=0)

print('x shape is %s, y shape is %s' % (x.shape, y.shape))
print('Classes: %s' % np.unique(y))

print('Total words: %s' % len(np.unique(np.hstack(x))))

result = [len(word) for word in x]
print('Mean: %.2f words (STD: %.2f)' %(np.mean(result), np.std(result)))

# 图表展示
plt.subplot(121)
plt.boxplot(result)
plt.subplot(122)
plt.hist(result)
plt.show()
```

执行代码，可以看到数据的离散状态和分布状态，如图 16-1 所示。结果如下：

```
x shape is (50000,), y shape is (50000,)
Classes: [0 1]
Total words: 88585
Mean: 234.76 words (STD: 172.91)
```

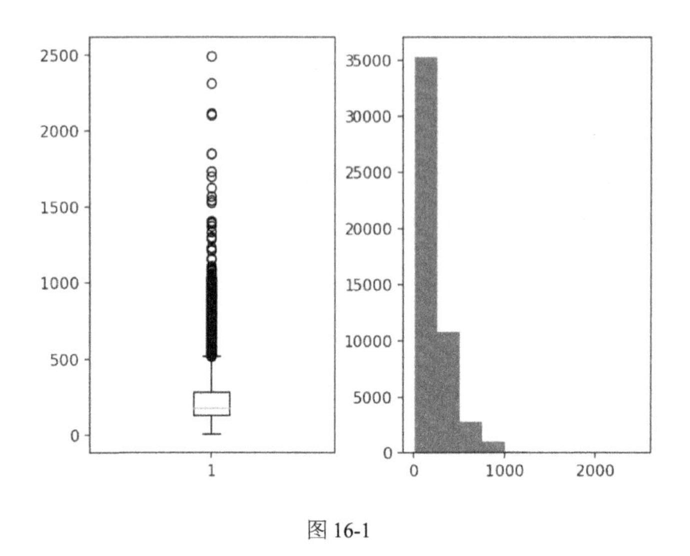

图 16-1

16.3 词嵌入

词嵌入（Word Embeddings）来源于 Bengio 的论文 *Neural Probabilistic Language Models*，是一种将词向量化的概念，是最近自然语言处理领域中的突破。其原理是，单词在高维空间中被编码为实值向量，其中词语之间的相似性意味着向量空间中的接近度。离散词被映射到连续数的向量。

Keras 通过嵌入层（Embedding）将单词的正整数表示转换为词嵌入。嵌入层需要指定词汇大小预期的最大数量，以及输出的每个词向量的维度。

通过词嵌入来处理 IMDB 数据集，假设只对数据集前 5000 个最常用的单词感兴趣。因此，词向量的大小将为 5000。选择使用 32 维向量来表示每个单词，构建嵌入层输出。而且，将评价的长度限制在 500 个单词以内，长度超过 500 个单词的将转化为比 0 更短的值。实现代码如下：

```
from keras.datasets import imdb
from keras.preprocessing import sequence
from keras.layers.embeddings import Embedding
```

```
(x_train, y_train), (x_validation, y_validation) = imdb.load_data(num_words=5000)

x_train = sequence.pad_sequences(x_train, maxlen=500)
x_validation = sequence.pad_sequences(x_validation, maxlen=500)

# 构建嵌入层
Embedding(5000, 32, input_length=500)
```

16.4 多层感知器模型

下面从开发一个仅有单个隐藏层的多层感知器模型开始研究情感分析的问题。词嵌入是一个真正的创新，通过一个相对简单的神经网络就能实现，在 2011 年被认为世界级的成果。这个神经网络的拓扑结构相对简单，这里就不再描述了。在数据导入前将随机数生成器初始化为一个常量值，以确保可以重现结果。完整代码如下：

```
from keras.datasets import imdb
import numpy as np
from keras.preprocessing import sequence
from keras.layers.embeddings import Embedding
from keras.layers import Dense, Flatten
from keras.models import Sequential

seed = 7
top_words = 5000
max_words = 500
out_dimension = 32
batch_size = 128
epochs = 2

def create_model():
    model = Sequential()
    # 构建嵌入层
    model.add(Embedding(top_words, out_dimension, input_length=max_words))
    model.add(Flatten())
```

```
    model.add(Dense(250, activation='relu'))
    model.add(Dense(1, activation='sigmoid'))
    model.compile(loss='binary_crossentropy', optimizer='adam',
metrics=['accuracy'])
    model.summary()
    return model

if __name__ == '__main__':
    np.random.seed(seed=seed)
    # 导入数据
    (x_train,      y_train),      (x_validation,      y_validation)      =
imdb.load_data(num_words=top_words)
    # 限定数据集的长度
    x_train = sequence.pad_sequences(x_train, maxlen=max_words)
    x_validation = sequence.pad_sequences(x_validation, maxlen=max_words)

    # 生成模型
    model = create_model()
    model.fit(x_train, y_train, validation_data=(x_validation, y_validation),
            batch_size=batch_size, epochs=epochs, verbose=2)
```

执行结果，可以看到准确度为 87.07%，结果如下：

```
_________________________________________________________________
Layer (type)                 Output Shape              Param #
=================================================================
embedding_1 (Embedding)      (None, 500, 32)           160000
_________________________________________________________________
flatten_1 (Flatten)          (None, 16000)             0
_________________________________________________________________
dense_1 (Dense)              (None, 250)               4000250
_________________________________________________________________
dense_2 (Dense)              (None, 1)                 251
=================================================================
Total params: 4,160,501
Trainable params: 4,160,501
Non-trainable params: 0
_________________________________________________________________
```

```
Train on 25000 samples, validate on 25000 samples
Epoch 1/2
33s - loss: 0.5328 - acc: 0.6863 - val_loss: 0.3116 - val_acc: 0.8638
Epoch 2/2
36s - loss: 0.1971 - acc: 0.9230 - val_loss: 0.3094 - val_acc: 0.8707
```

16.5 卷积神经网络

卷积神经网络被设计为符合图像数据的空间结构，对场景中学习对象的位置和方向是鲁棒的。这种相同的原则可以用于处理序列问题（例如电影审查中的一维单词序列）。卷积神经网络的“特征位置的技术不变性”，同样可以帮助学习单词段落的结构。接下来在词嵌入层之后，增加一层一维卷积层和池化层，看一下卷积神经网络对这个问题的改进程度，代码如下：

```
from keras.datasets import imdb
import numpy as np
from keras.preprocessing import sequence
from keras.layers.embeddings import Embedding
from keras.layers.convolutional import Conv1D, MaxPooling1D
from keras.layers import Dense, Flatten
from keras.models import Sequential

seed = 7
top_words = 5000
max_words = 500
out_dimension = 32
batch_size = 128
epochs = 2

def create_model():
    model = Sequential()
    # 构建嵌入层
    model.add(Embedding(top_words, out_dimension, input_length=max_words))
    # 一维卷积层
    model.add(Conv1D(filters=32, kernel_size=3, padding='same', activation='relu'))
```

```
    model.add(MaxPooling1D(pool_size=2))
    model.add(Flatten())
    model.add(Dense(250, activation='relu'))
    model.add(Dense(1, activation='sigmoid'))
    model.compile(loss='binary_crossentropy', optimizer='adam',
metrics=['accuracy'])
    model.summary()
    return model

if __name__ == '__main__':
    np.random.seed(seed=seed)
    # 导入数据
    (x_train, y_train), (x_validation, y_validation) =
imdb.load_data(num_words=top_words)
    # 限定数据集的长度
    x_train = sequence.pad_sequences(x_train, maxlen=max_words)
    x_validation = sequence.pad_sequences(x_validation, maxlen=max_words)

    # 生成模型
    model = create_model()
    model.fit(x_train, y_train, validation_data=(x_validation, y_validation),
              batch_size=batch_size, epochs=epochs, verbose=2)
```

执行结果如下：

```
_________________________________________________________________
Layer (type)                 Output Shape              Param #
=================================================================
embedding_1 (Embedding)      (None, 500, 32)           160000
_________________________________________________________________
conv1d_1 (Conv1D)            (None, 500, 32)           3104
_________________________________________________________________
max_pooling1d_1 (MaxPooling1 (None, 250, 32)           0
_________________________________________________________________
flatten_1 (Flatten)          (None, 8000)              0
_________________________________________________________________
dense_1 (Dense)              (None, 250)               2000250
_________________________________________________________________
```

```
dense_2 (Dense)             (None, 1)             251
=================================================================
Total params: 2,163,605
Trainable params: 2,163,605
Non-trainable params: 0
_________________________________________________________________
Train on 25000 samples, validate on 25000 samples
Epoch 1/2

48s - loss: 0.5120 - acc: 0.6983 - val_loss: 0.2903 - val_acc: 0.8779
Epoch 2/2
41s - loss: 0.2314 - acc: 0.9102 - val_loss: 0.2713 - val_acc: 0.8866
```

在这个一维卷积神经网络中，训练的 epochs 非常少，但是准确度却非常高，也许简单地调整 epochs，就有可能达到较好的效果。

第四部分

循环神经网络

序列问题是现实生活中经常遇到的一类问题。如价格走势预测、自然语言处理等。传统的神经网络虽然也能处理这类问题，但是网络中很难描述数据的关联关系。因此，很难得到相对满意的结果。循环神经网络就是在这种情况下提出的，并很好地解决了这类问题。

17 循环神经网络速成

用来处理序列数据的神经网络，被称为循环神经网络（RNNs）。在传统的神经网络模型中，层与层之间是全连接的，每层的节点之间是无连接的。但是这种传统的神经网络对序列问题的处理是低效的。例如，在文本预测的问题中，要预测句子中的下一个单词是什么，一般需要考虑前面的单词，因为句子中的前后单词并不是独立的。处理序列数据的神经网络之所以称为循环神经网络，是因为一个序列当前的输出与前面的输出有关。具体的表现形式为：网络会对前面的信息进行记忆，并应用于当前输出的计算中，即隐藏层之间的节点不再是无连接的，而是有连接的，并且隐藏层的输入不仅包括输入层的输出，还包括上一时刻隐藏层的输出。理论上，循环神经网络能够对任何长度的序列数据进行处理。循环神经网络具有循环连接，随着时间的推移向网络增加反馈和记忆。这种记忆能力增强了循环神经网络对序列问题的网络学习和泛化输入能力。图 17-1 是一个简单的循环神经网络的拓扑结构。

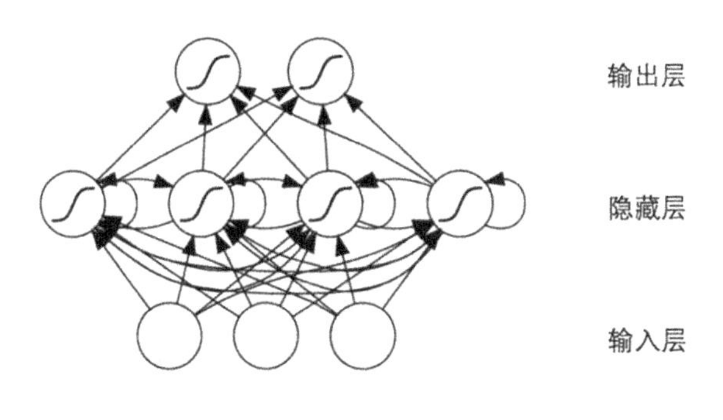

图 17-1

被称为长短期记忆网络（LSTM）的循环神经网络已被证明，对处理从自然语言翻译到各种各样图像和视频自动字幕等序列问题具有非常良好的结果。目前，基于 LSTM 的系统被广泛应用在自然语言翻译、控制机器人、图像分析、文档摘要、语音识别、图像识别、手写识别、聊天机器人、预测疾病、点击率、股票、合成音乐等领域。

17.1 处理序列问题的神经网络

有一些问题是非常典型的序列问题，这些问题都涉及序列作为输入或输出。例如，时间序列问题中的股票价格预测问题。这类问题的数据集可以通过定义窗口大小（如 5），来构建经典的前馈多层感知器网络，并以固定窗口大小的输入进行短期预测的训练。

虽然使用窗口方法的多层感知器可以工作，但是工作能力非常有限。输入窗口为问题增加了记忆功能，但仅限于固定数量的神经元，必须通过对问题的充分了解来选择合适的窗口大小。一个不合适的窗口将不会捕捉可能与预测有关的几分钟、几小时或几天等相关的变化趋势。从一个预测到下一个预测，网络只知道提供的具体输入，而不能很好地处理其中的相关性。考虑输入与输出的关系，序列问题具有以下分类。

- **一对多**：序列输出，用于图像字幕。
- **多对一**：序列输入，用于情感分类。
- **多对多**：序列输入和输出，用于机器翻译。
- **同步多对多**：同步序列输入和输出，用于视频分类。

经典的前馈神经网络的输入与输出是一一对应的，如处理图像识别问题的神经网络。处理序列问题的神经网络是目前机器学习中的一个重要分类，最近的研究表明，深度学习对序列问题的处理具有非常好的适用性，最新的研究中一直使用一种专门针对序列问题设计的神经网络，即循环神经网络。

17.2 循环神经网络

循环神经网络是针对序列问题设计的一类特殊的神经网络。可以认为循环神经网络是在一个标准的多层感知器的架构上增加循环连接。例如，在给定的层中，每个神经元可以向其最近（侧向）的神经元传递信号，而不是只向前（下一层）传递信号；网络的输出可以作为下一次输入的输入向量反馈给网络等。

循环连接将状态或记忆能力添加到网络，并提高了网络从输入序列中学习和抽象的能力。循环神经网络的领域相当成熟，并具有非常流行的方法。为了使用循环神经网络有效地处理实际问题，需要解决两个主要问题。

- 如何训练具有反向传播的神经网络。
- 如何解决训练过程中梯度消失或梯度爆炸的问题。

用于训练前馈神经网络的主要技术是反向传播，使用计算错误的数据来更新网络权重。在循环神经网络中，因为神经元的重复连接或循环连接，反向传播存在不适用性，不能很好地完成网络权重的更新。这需要使用时间反向传播（BPTT）技术来解决循环神经网络的反向传播问题。

将循环神经网络的结构展开，可以比较清晰地描述时间反向传播。例如，具有自身连接的单个神经元（图 17-2 的左部分），展开网络结构，可以表示为具有相同权重值的多个神经元（图 17-2 的右部分）。这样可以将神经网络的循环图，变成与经典前馈神经网络同样的非循环图，并且可以使用反向传播。

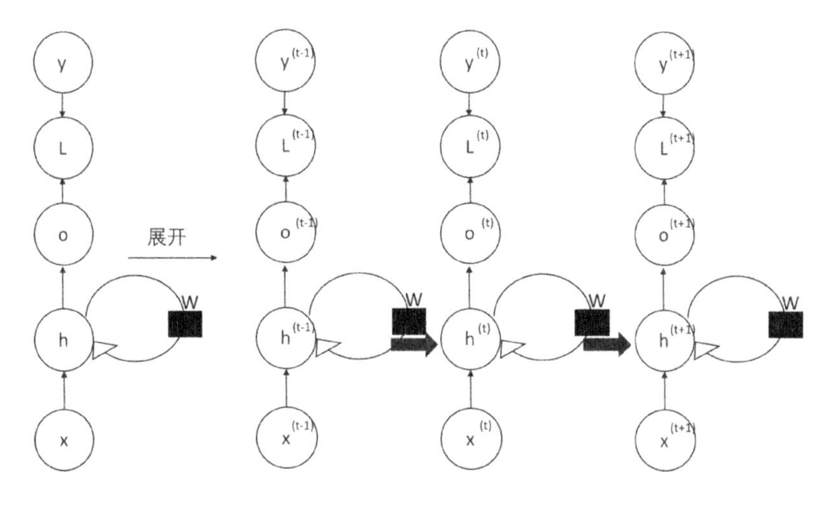

图 17-2

当反向传播用于非常深的神经网络和循环神经网络时，为了更新权重而需要计算的梯度可能变得不稳定，它们可能变成非常大的数值（梯度爆炸）或非常小的数值（梯度消失）。使用这些数据来更新网络中的权重，使训练变得不稳定，并且使神经网络生成的模型不可靠。

在多层感知器神经网络中，通过使用激活函数使这个问题得到缓解，甚至使用无监督的预训练层来缓解这个问题；在循环神经网络架构中，使用长短期记忆网络可以缓解这个问题。

17.3 长短期记忆网络

长短期记忆网络是一种常见的循环神经网络，使用时间反向传播训练，并解决了梯度消失的问题。因此，可以利用长短期记忆网络来创建大型的循环神经网络，用于解决机器学习中比较复杂的序列问题，并且长短期记忆网络对序列问题的处理具有很高的效率。在长短期记忆网络中使用存储单元代替常规的神经元，每个存储单元由输入门、输出门和自有状态构成（见图 17-3）。

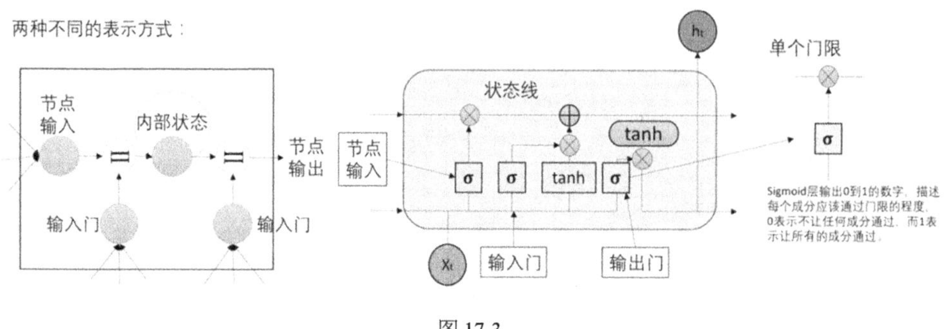

图 17-3

存储单元是比神经元更聪明的组件，并且对最近序列具有记忆功能。存储单元包含自有状态和输出门，根据输入序列来操作每一个存储单元，存储单元内的每个门使用 sigmoid 激活函数来控制它们是否被触发，有条件地进行状态改变，以及控制通过存储单元中的信息流动。存储单元内有以下三种类型的门。

- **遗忘门**：有条件地决定哪些信息从单元中抛弃。
- **输入门**：有条件地决定在单元中存储哪些信息。
- **输出门**：有条件地决定哪些信息需要输出，并输出信息。

每个存储单元就像一个迷你状态机，其中单元的门具有在训练过程中学习的权重。理解了一层的长短期记忆网络如何实现复杂的学习和记忆，就不难想象如何通过多个这样的层进行更复杂的抽象学习。

18 多层感知器的时间序列预测：国际旅行人数预测

时间序列的预测问题，在机器学习中也是比较复杂的一类问题。传统的机器学习中不擅长处理这类问题，通常会采用循环神经网络来解决这类问题。在这里先介绍一下如何使用多层感知器来处理时间序列问题，以便与循环神经网络处理时间序列问题进行对比，加深对循环神经网络的理解。

18.1 问题描述

这里使用一个经典的数据集——国际旅行旅客人数数据集，来研究分析序列问题。这个数据集包含从 1949 年 1 月到 1960 年 12 月，共 12 年 144 条记录，数据集中的人数以千人为单位。可以免费从 DataMarket 上下载这个数据集，在这里选择下载 CSV 格式的文件，下载地址是 http://data.is/1bKs2mG。

18.2 导入数据

从 DataMarket 下载 CSV 格式的文件后，使用 Pandas 的 read_csv()函数导入数据。因为数据中包含文件尾信息，在数据导入的同时删除文件尾信息。数据导入后通过 Matplotlib 来展示数据的趋势，以便与模型预测结果的趋势进行比较。同时，显示最初的 5 条数据信息，查看数据的基本结构信息，代码如下：

```
from pandas import read_csv
from matplotlib import pyplot as plt


filename = 'international-airline-passengers.csv'
footer = 3

# 导入数据
data = read_csv(filename, usecols=[1], engine='python', skipfooter=footer)
#图表展示
plt.plot(data)
plt.show()

# 查看最初的 5 条记录
print(data.head(5))
```

执行代码，可以看到数据集中提供的实际数据的变化趋势如图 18-1 所示，最初的 5 条数据的结果如下：

```
    International airline passengers: monthly totals in thousands. Jan 49 ? Dec 60
0                                                112
1                                                118
2                                                132
3                                                129
4                                                121
```

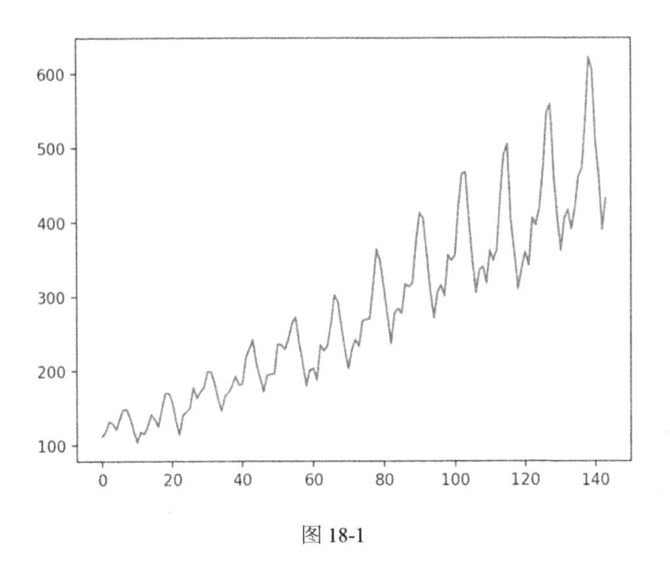

图 18-1

18.3 多层感知器

时间序列预测问题是一类特殊的回归问题，相邻的样本之间具有相关性。在这个问题中，根据当月的旅客数量预测下个月的旅客数量。目前导入的数据只有一列，可以编写一个简单的函数将单列数据转换为两列数据集，第一列包含当月（t）的旅客数，第二列包含下个月（t+1）的旅客数。第一列是算法模型的输入，第二列是模型的输出。

数据集构建完成后，可以构建一个仅有一个隐藏层的多层感知器模型，并将数据集按照67%和33%的比例分割为训练数据集和评估数据集。先使用训练数据集来训练模型，并使用模型对训练数据集和评估数据集分别进行预测，再通过图表的方式，将预测结果的趋势与实际数据的趋势进行比较，以查看算法的准确度，代码如下：

```
import numpy as np
from pandas import read_csv
from matplotlib import pyplot as plt
import math
from keras.models import Sequential
from keras.layers import Dense
```

```
seed = 7
batch_size = 2
epochs = 200
filename = 'international-airline-passengers.csv'
footer = 3
look_back=1

def create_dataset(dataset):
    dataX, dataY = [], []
    for i in range(len(dataset) - look_back - 1):
        x = dataset[i: i + look_back, 0]
        dataX.append(x)
        y = dataset[i + look_back, 0]
        dataY.append(y)
        print('X: %s, Y: %s' % (x, y))
    return np.array(dataX), np.array(dataY)

def build_model():
    model = Sequential()
    model.add(Dense(units=8, input_dim=look_back, activation='relu'))
    model.add(Dense(units=1))
    model.compile(loss='mean_squared_error', optimizer='adam')
    return model

if __name__ == '__main__':

    # 设置随机数种子
    np.random.seed(seed)

    # 导入数据
    data = read_csv(filename, usecols=[1], engine='python', skipfooter=footer)
    dataset = data.values.astype('float32')
    train_size = int(len(dataset) * 0.67)
    validation_size = len(dataset) - train_size
    train, validation = dataset[0: train_size, :], dataset[train_size:
len(dataset), :]
```

```
    # 创建 dataset，让数据产生相关性
    X_train, y_train = create_dataset(train)
    X_validation, y_validation = create_dataset(validation)

    # 训练模型
    model = build_model()
    model.fit(X_train, y_train, epochs=epochs, batch_size=batch_size,
verbose=2)

    # 评估模型
    train_score = model.evaluate(X_train, y_train, verbose=0)
    print('Train Score: %.2f MSE (%.2f RMSE)' % (train_score,
math.sqrt(train_score)))
    validation_score = model.evaluate(X_validation, y_validation, verbose=0)
    print('Validation Score: %.2f MSE (%.2f RMSE)' % (validation_score,
math.sqrt(validation_score)))

    # 利用图表查看预测趋势
    predict_train = model.predict(X_train)
    predict_validation = model.predict(X_validation)

    # 构建通过训练数据集进行预测的图表数据
    predict_train_plot = np.empty_like(dataset)
    predict_train_plot[:, :] = np.nan
    predict_train_plot[look_back:len(predict_train) + look_back, :] =
predict_train

    # 构建通过评估数据集进行预测的图表数据
    predict_validation_plot = np.empty_like(dataset)
    predict_validation_plot[:, :] = np.nan
    predict_validation_plot[len(predict_train) + look_back * 2 + 1:len(dataset)
- 1, :] = predict_validation

    # 图表显示
    plt.plot(dataset, color='blue')
    plt.plot(predict_train_plot, color='green')
```

```
    plt.plot(predict_validation_plot, color='red')
    plt.show()
```

执行代码后，使用模型预测的数据，与实际数据的变化趋势的比较结果如图 18-2 所示。图中的蓝线是实际数据的变化趋势，绿线是模型对训练数据集预测结果的趋势变化，红线是模型对验证数据集预测结果的变化趋势。模型预测结果的变化趋势和实际数据的变化趋势基本一致。

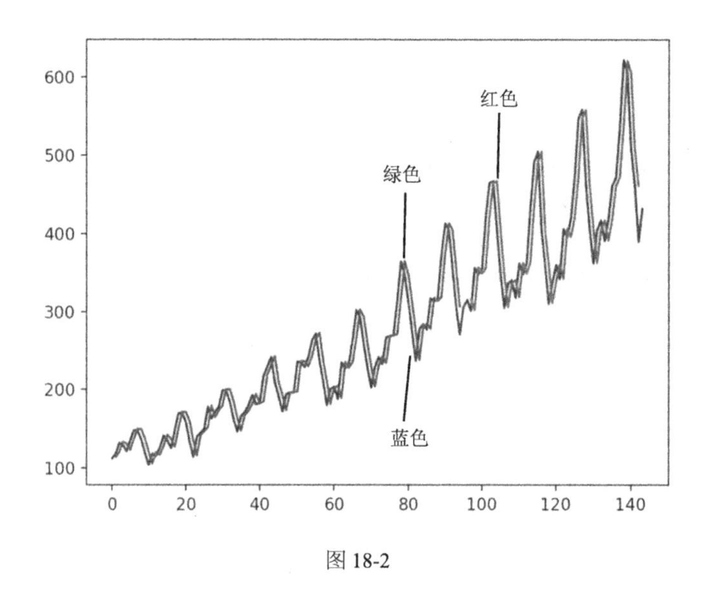

图 18-2

虽然预测结果的变化趋势与实际数据基本一致，但是模型在训练数据集和评估数据集上的均方误差非常大，模型的预测准确度不是很好。结果如下：

```
Train Score: 531.71 MSE (23.06 RMSE)
Validation Score: 2355.07 MSE (48.53 RMSE)
```

18.4 使用窗口方法的多层感知器

对于上面的问题，也可以使用多个最近的时间项来进行下一个时间项的预测，这个方法被称为窗口方法。可以针对不同的问题，对窗口的大小进行调整。例如，给定当前时间（t），预测序列（t+1）中的值时，使用当前时间（t）及前两个时间（t−1 和 t−2）。

因此，输入变量为 $t-2$、$t-1$、t，输出变量为 $t+1$。在 18.3 节中，create_dataset()函数被定义为使用参数控制输出数据集的格式，可以简单地修改一下参数 look_back，就能直接使用。下面也构建一个简单的多层感知器模型，采用 18.3 节中的方法分离数据集，并将预测结果与实际数据的趋势进行比较。完整代码如下：

```
import numpy as np
from pandas import read_csv
from matplotlib import pyplot as plt
import math
from keras.models import Sequential
from keras.layers import Dense


seed = 7
batch_size = 2
epochs = 400
filename = 'international-airline-passengers.csv'
footer = 3
look_back=3

def create_dataset(dataset):
    dataX, dataY = [], []
    for i in range(len(dataset) - look_back - 1):
        x = dataset[i: i + look_back, 0]
        dataX.append(x)
        y = dataset[i + look_back, 0]
        dataY.append(y)
        print('X: %s, Y: %s' % (x, y))
    return np.array(dataX), np.array(dataY)

def build_model():
    model = Sequential()
    model.add(Dense(units=12, input_dim=look_back, activation='relu'))
    model.add(Dense(units=8, activation='relu'))
    model.add(Dense(units=1))
    model.compile(loss='mean_squared_error', optimizer='adam')
    return model
```

```
if __name__ == '__main__':

    # 设置随机数种子
    np.random.seed(seed)

    # 导入数据
    data = read_csv(filename, usecols=[1], engine='python', skipfooter=footer)
    dataset = data.values.astype('float32')
    train_size = int(len(dataset) * 0.67)
    validation_size = len(dataset) - train_size
    train, validation = dataset[0: train_size, :], dataset[train_size:
len(dataset), :]

    # 创建 dataset，让数据产生相关性
    X_train, y_train = create_dataset(train)
    X_validation, y_validation = create_dataset(validation)

    # 训练模型
    model = build_model()
    model.fit(X_train, y_train, epochs=epochs, batch_size=batch_size,
verbose=2)

    # 评估模型
    train_score = model.evaluate(X_train, y_train, verbose=0)
    print('Train Score: %.2f MSE (%.2f RMSE)' % (train_score,
math.sqrt(train_score)))
    validation_score = model.evaluate(X_validation, y_validation, verbose=0)
    print('Validation Score: %.2f MSE (%.2f RMSE)' % (validation_score,
math.sqrt(validation_score)))

    # 利用图表查看预测趋势
    predict_train = model.predict(X_train)
    predict_validation = model.predict(X_validation)

    # 构建通过训练数据集进行预测的图表数据
    predict_train_plot = np.empty_like(dataset)
    predict_train_plot[:, :] = np.nan
```

```
    predict_train_plot[look_back:len(predict_train) + look_back, :] = predict
_train

    # 构建通过评估数据集进行预测的图表数据
    predict_validation_plot = np.empty_like(dataset)
    predict_validation_plot[:, :] = np.nan
    predict_validation_plot[len(predict_train) + look_back * 2 + 1:len(dataset)
- 1, :] = predict_validation

    # 图表显示
    plt.plot(dataset, color='blue')
    plt.plot(predict_train_plot, color='green')
    plt.plot(predict_validation_plot, color='red')
    plt.show()
```

执行代码后，同样使用图表来展示，通过模型预测的数据与实际数据的变化趋势的比较结果如图 18-3 所示。图中的蓝线是实际数据的变化趋势，绿线是模型对训练数据集预测结果的趋势变化，红线是模型对验证数据集的预测结果趋势变化。模型预测结果的变化趋势和实际数据的变化趋势基本一致，但是使用窗口方法的模型预测的结果变化更加剧烈一些。

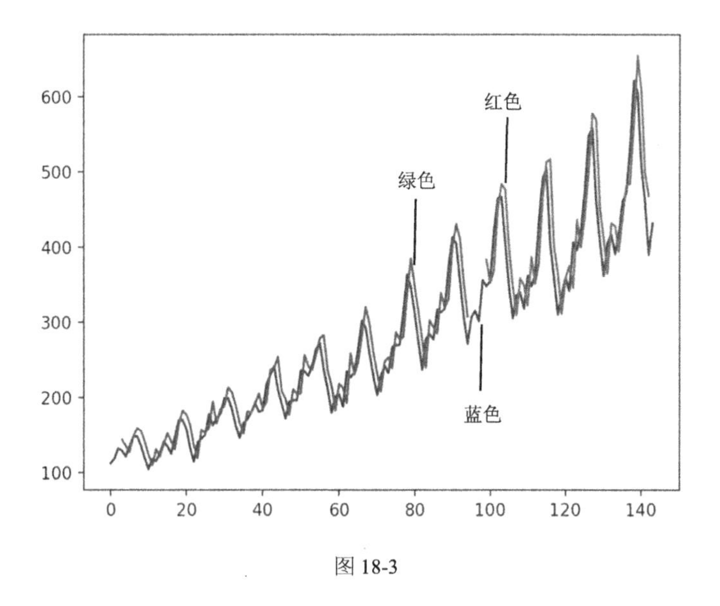

图 18-3

虽然预测结果的变化趋势基本保持一致，但是，模型对数据预测结果的均方误差比较大，结果的准确度比较低。而且，在使用了窗口方法后，模型在评估数据集上的表现有了提高，但是结果的准确度依然比较低。执行结果如下：

```
Train Score: 564.65 MSE (23.76 RMSE)
Validation Score: 2247.70 MSE (47.41 RMSE)
```

19 LSTM 时间序列问题预测：国际旅行人数预测

与回归预测模型不同，时间序列问题还增加了输入变量之间序列依赖性，大大提高了模型的复杂度。用于处理序列依赖性的神经网络称为循环神经网络。长短期记忆网络是循环神经网络的一种，可以成功地训练架构非常复杂的深度学习模型，用于处理时间序列问题。

19.1 LSTM 处理回归问题

在这里继续使用国际旅行旅客人数数据集来讨论如何使用 LSTM 处理序列问题。数据集的构成与第 18 章相同，也利用本月人数预测下月人数，使用 create_dataset()函数来生成数据集。

LSTM 对输入数据的尺度敏感，特别是使用 sigmoid（默认）或 tanh 作为激活函数。在这里使用 Scikit-Learn 中的 MinMaxScaler 预处理类对数据集进行归一元处理，将数据缩放到 0～1。

LSTM 的输入数据具有以下形式的特定阵列结构：[样本，时间步长，特征]。在 create_dataset()函数中生成的数据集采用以下形式：[样本，特征]，使用 numpy.reshape() 函数对数据集进行结构转换，转换时将每一个样本作为一个时间步长。

构建一个具有单个神经元的输入层，具有 4 个 LSTM 存储单元的隐藏层，以及具有单个值预测的输出层的神经网络。LSTM 存储单元采用默认的激活函数 sigmoid。对网络训练 100 个 epochs，并将 batch_size 设置为 1。完整代码如下：

```
import numpy as np
from matplotlib import pyplot as plt
from pandas import read_csv
import math
from keras.models import Sequential
from keras.layers import Dense
from keras.layers import LSTM
from sklearn.preprocessing import MinMaxScaler
from sklearn.metrics import mean_squared_error

seed = 7
batch_size = 1
epochs = 100
filename = 'international-airline-passengers.csv'
footer = 3
look_back=1

def create_dataset(dataset):
    dataX, dataY = [], []
    for i in range(len(dataset) - look_back - 1):
        x = dataset[i: i + look_back, 0]
        dataX.append(x)
        y = dataset[i + look_back, 0]
        dataY.append(y)
        print('X: %s, Y: %s' % (x, y))
    return np.array(dataX), np.array(dataY)

def build_model():
```

```
    model = Sequential()
    model.add(LSTM(units=4, input_shape=(1, look_back)))
    model.add(Dense(units=1))
    model.compile(loss='mean_squared_error', optimizer='adam')
    return model

if __name__ == '__main__':

    # 设置随机数种子
    np.random.seed(seed)

    # 导入数据
    data = read_csv(filename, usecols=[1], engine='python', skipfooter=footer)
    dataset = data.values.astype('float32')
    # 标准化数据
    scaler = MinMaxScaler()
    dataset = scaler.fit_transform(dataset)
    train_size = int(len(dataset) * 0.67)
    validation_size = len(dataset) - train_size
    train, validation = dataset[0: train_size, :], dataset[train_size:
len(dataset), :]

    # 创建dataset，让数据产生相关性
    X_train, y_train = create_dataset(train)
    X_validation, y_validation = create_dataset(validation)

    # 将输入转化成[样本，时间步长，特征]
    X_train = np.reshape(X_train, (X_train.shape[0], 1, X_train.shape[1]))
    X_validation = np.reshape(X_validation, (X_validation.shape[0], 1,
X_validation.shape[1]))

    # 训练模型
    model = build_model()
    model.fit(X_train, y_train, epochs=epochs, batch_size=batch_size, verbose=2)

    # 模型预测数据
    predict_train = model.predict(X_train)
```

```
    predict_validation = model.predict(X_validation)

    # 反标准化数据，目的是保证 MSE 的准确性
    predict_train = scaler.inverse_transform(predict_train)
    y_train = scaler.inverse_transform([y_train])
    predict_validation = scaler.inverse_transform(predict_validation)
    y_validation = scaler.inverse_transform([y_validation])

    # 评估模型
    train_score = math.sqrt(mean_squared_error(y_train[0], predict_train[:, 0]))
    print('Train Score: %.2f RMSE' % train_score)
    validation_score = math.sqrt(mean_squared_error(y_validation[0],
predict_validation[:, 0]))
    print('Validation Score: %.2f RMSE' % validation_score)

    # 构建通过训练数据集进行预测的图表数据
    predict_train_plot = np.empty_like(dataset)
    predict_train_plot[:, :] = np.nan
    predict_train_plot[look_back:len(predict_train) + look_back, :] =
predict_train

    # 构建通过评估数据集进行预测的图表数据
    predict_validation_plot = np.empty_like(dataset)
    predict_validation_plot[:, :] = np.nan
    predict_validation_plot[len(predict_train) + look_back * 2 + 1:len(dataset) -
1, :] = predict_validation

    # 图表显示
    dataset = scaler.inverse_transform(dataset)
    plt.plot(dataset, color='blue')
    plt.plot(predict_train_plot, color='green')
    plt.plot(predict_validation_plot, color='red')
    plt.show()
```

执行代码可以看到，通过模型预测结果的趋势与实际数据的趋势基本一致，如图 19-1 所示。

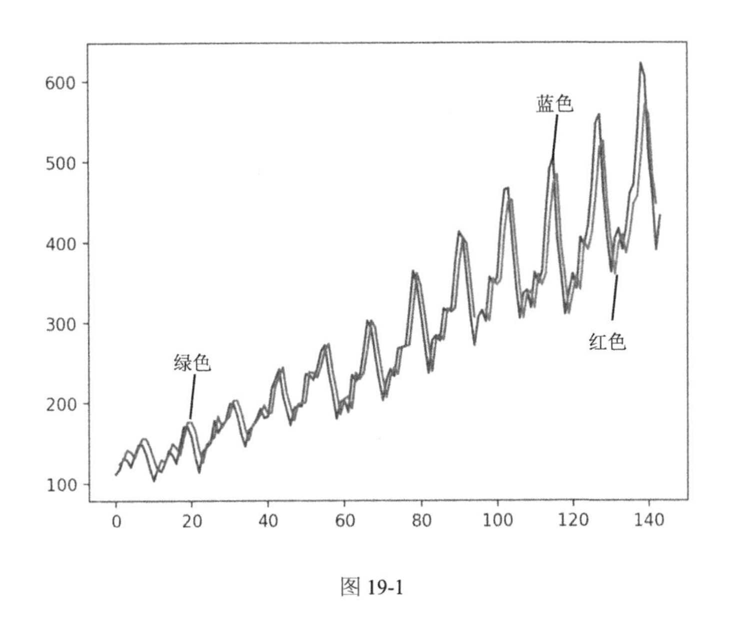

图 19-1

并且执行结果的均方误差比上一章讲解的多层感知器略有提升，执行结果如下：

```
Train Score: 22.92 RMSE
Validation Score: 47.53 RMSE
```

19.2 使用窗口方法的 LSTM 回归

对于上面的问题，也可以使用多个最近的时间项来进行下一个时间项的预测，这个方法被称为窗口方法。窗口的大小需要针对不同的问题进行调整。例如，给定当前时间（t），预测序列（t+1）中的值时，使用当前时间（t）及前两个时间（t−1 和 t−2）。作为回归问题时，输入变量为 t−2，t−1，t，输出变量为 t+1。

只需要简单地修改一下 look_back 参数，就可以使用多个连续时间的值来预测新数据，代码如下：

```
import numpy as np
from matplotlib import pyplot as plt
from pandas import read_csv
import math
```

```
from keras.models import Sequential
from keras.layers import Dense
from keras.layers import LSTM
from sklearn.preprocessing import MinMaxScaler
from sklearn.metrics import mean_squared_error

seed = 7
batch_size = 1
epochs = 100
filename = 'international-airline-passengers.csv'
footer = 3
look_back=3

def create_dataset(dataset):
    dataX, dataY = [], []
    for i in range(len(dataset) - look_back - 1):
        x = dataset[i: i + look_back, 0]
        dataX.append(x)
        y = dataset[i + look_back, 0]
        dataY.append(y)
        print('X: %s, Y: %s' % (x, y))
    return np.array(dataX), np.array(dataY)

def build_model():
    model = Sequential()
    model.add(LSTM(units=4, input_shape=(1, look_back)))
    model.add(Dense(units=1))
    model.compile(loss='mean_squared_error', optimizer='adam')
    return model

if __name__ == '__main__':

    # 设置随机数种子
    np.random.seed(seed)

    # 导入数据
    data = read_csv(filename, usecols=[1], engine='python', skipfooter=footer)
```

```
    dataset = data.values.astype('float32')
    # 标准化数据
    scaler = MinMaxScaler()
    dataset = scaler.fit_transform(dataset)
    train_size = int(len(dataset) * 0.67)
    validation_size = len(dataset) - train_size
    train, validation = dataset[0: train_size, :], dataset[train_size:
len(dataset), :]

    # 创建 dataset，让数据产生相关性
    X_train, y_train = create_dataset(train)
    X_validation, y_validation = create_dataset(validation)

    # 将输入转化成［样本，时间步长，特征］
    X_train = np.reshape(X_train, (X_train.shape[0], 1, X_train.shape[1]))
    X_validation = np.reshape(X_validation, (X_validation.shape[0], 1,
X_validation.shape[1]))

    # 训练模型
    model = build_model()
    model.fit(X_train, y_train, epochs=epochs, batch_size=batch_size,
verbose=2)

    # 模型预测数据
    predict_train = model.predict(X_train)
    predict_validation = model.predict(X_validation)

    # 反标准化数据，目的是保证 MSE 的准确性
    predict_train = scaler.inverse_transform(predict_train)
    y_train = scaler.inverse_transform([y_train])
    predict_validation = scaler.inverse_transform(predict_validation)
    y_validation = scaler.inverse_transform([y_validation])

    # 评估模型
    train_score = math.sqrt(mean_squared_error(y_train[0], predict_train[:, 0]))
    print('Train Score: %.2f RMSE' % train_score)
    validation_score = math.sqrt(mean_squared_error(y_validation[0],
predict_validation[:, 0]))
```

```
    print('Validation Score: %.2f RMSE' % validation_score)

    # 构建通过训练数据集进行预测的图表数据
    predict_train_plot = np.empty_like(dataset)
    predict_train_plot[:, :] = np.nan
    predict_train_plot[look_back:len(predict_train) + look_back, :] =
predict_train

    # 构建通过评估数据集进行预测的图表数据
    predict_validation_plot = np.empty_like(dataset)
    predict_validation_plot[:, :] = np.nan
    predict_validation_plot[len(predict_train) + look_back * 2 + 1:len(dataset) -
1, :] = predict_validation

    # 图表显示
    dataset = scaler.inverse_transform(dataset)
    plt.plot(dataset, color='blue')
    plt.plot(predict_train_plot, color='green')
    plt.plot(predict_validation_plot, color='red')
    plt.show()
```

执行代码，可以看到预测数据的趋势与实际数据的趋势基本一致，如图 19-2 所示。

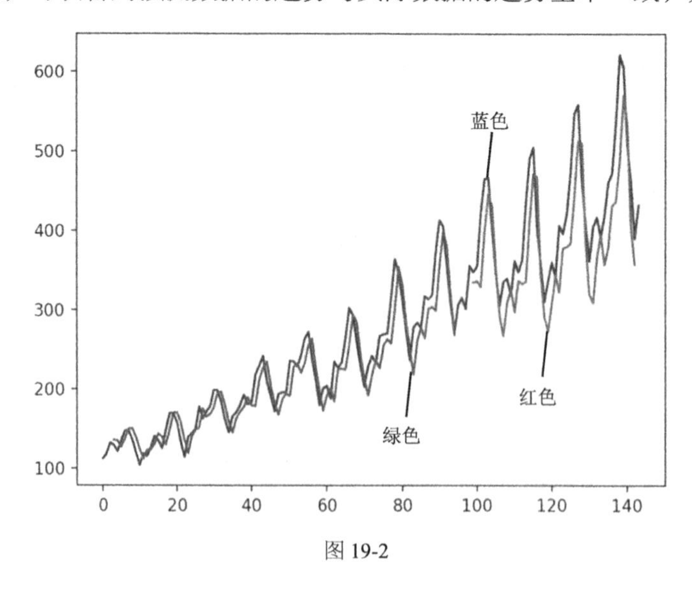

图 19-2

代码执行的结果相较于上一个例子略有变化，这也许是设置窗口的大小不合适导致的。执行结果如下：

```
Train Score: 24.19 RMSE
Validation Score: 58.06 RMSE
```

19.3 使用时间步长的 LSTM 回归

在为 LSTM 神经网络准备数据时，数据中包括时间步长，并设置为相同的数值。但是，在一些序列问题中，可能每个样本都有不同的时间步长。例如，在一个对机器故障进行测量的数据集中，每一个观测到的故障点都是一个样本，观察到的结果是时间步长，观察到的变量是特征。时间步长提供了另一种方式来描述时间序列问题，与上面的窗口方法相同，可以将时间序列中先前的时间步长作为输入，来预测下一个时间步长的输出，而不是将过去的观察结果作为单独的输入特征。这种将时间步长作为输入特征的方法，的确能够提高时间序列问题预测的准确度。在这里使用与上一个基于窗口的示例相同的数据结构，但是，对数据进行 reshape 处理时，将列设置为时间步长，并将其设置为 1，代码如下：

```
import numpy as np
from matplotlib import pyplot as plt
from pandas import read_csv
import math
from keras.models import Sequential
from keras.layers import Dense
from keras.layers import LSTM
from sklearn.preprocessing import MinMaxScaler
from sklearn.metrics import mean_squared_error

seed = 7
batch_size = 1
epochs = 100
filename = 'international-airline-passengers.csv'
footer = 3
```

```
look_back=1

def create_dataset(dataset):
    dataX, dataY = [], []
    for i in range(len(dataset) - look_back - 1):
        x = dataset[i: i + look_back, 0]
        dataX.append(x)
        y = dataset[i + look_back, 0]
        dataY.append(y)
        print('X: %s, Y: %s' % (x, y))
    return np.array(dataX), np.array(dataY)

def build_model():
    model = Sequential()
    model.add(LSTM(units=4, input_shape=(look_back, 1)))
    model.add(Dense(units=1))
    model.compile(loss='mean_squared_error', optimizer='adam')
    return model

if __name__ == '__main__':

    # 设置随机数种子
    np.random.seed(seed)

    # 导入数据
    data = read_csv(filename, usecols=[1], engine='python', skipfooter=footer)
    dataset = data.values.astype('float32')
    # 标准化数据
    scaler = MinMaxScaler()
    dataset = scaler.fit_transform(dataset)
    train_size = int(len(dataset) * 0.67)
    validation_size = len(dataset) - train_size
    train, validation = dataset[0: train_size, :], dataset[train_size:
len(dataset), :]

    # 创建dataset，让数据产生相关性
    X_train, y_train = create_dataset(train)
```

```
    X_validation, y_validation = create_dataset(validation)

    # 将输入转化成 [样本，时间步长，特征]
    X_train = np.reshape(X_train, (X_train.shape[0], X_train.shape[1], 1))
    X_validation = np.reshape(X_validation, (X_validation.shape[0],
X_validation.shape[1], 1))

    # 训练模型
    model = build_model()
    model.fit(X_train, y_train, epochs=epochs, batch_size=batch_size, verbose=2)

    # 模型预测数据
    predict_train = model.predict(X_train)
    predict_validation = model.predict(X_validation)

    # 反标准化数据，目的是保证 MSE 的准确性
    predict_train = scaler.inverse_transform(predict_train)
    y_train = scaler.inverse_transform([y_train])
    predict_validation = scaler.inverse_transform(predict_validation)
    y_validation = scaler.inverse_transform([y_validation])

    # 评估模型
    train_score = math.sqrt(mean_squared_error(y_train[0], predict_train[:, 0]))
    print('Train Score: %.2f RMSE' % train_score)
    validation_score = math.sqrt(mean_squared_error(y_validation[0],
predict_validation[:, 0]))
    print('Validation Score: %.2f RMSE' % validation_score)

    # 构建通过训练数据集进行预测的图表数据
    predict_train_plot = np.empty_like(dataset)
    predict_train_plot[:, :] = np.nan
    predict_train_plot[look_back:len(predict_train) + look_back, :] =
predict_train

    # 构建通过评估数据集进行预测的图表数据
    predict_validation_plot = np.empty_like(dataset)
    predict_validation_plot[:, :] = np.nan
```

```
    predict_validation_plot[len(predict_train) + look_back * 2 + 1:len(dataset)
- 1, :] = predict_validation

    # 图表显示
    dataset = scaler.inverse_transform(dataset)
    plt.plot(dataset, color='blue')
    plt.plot(predict_train_plot, color='green')
    plt.plot(predict_validation_plot, color='red')
    plt.show()
```

执行代码可以看到，预测数据的走势与实际数据的走势基本一致，如图 19-3 所示。

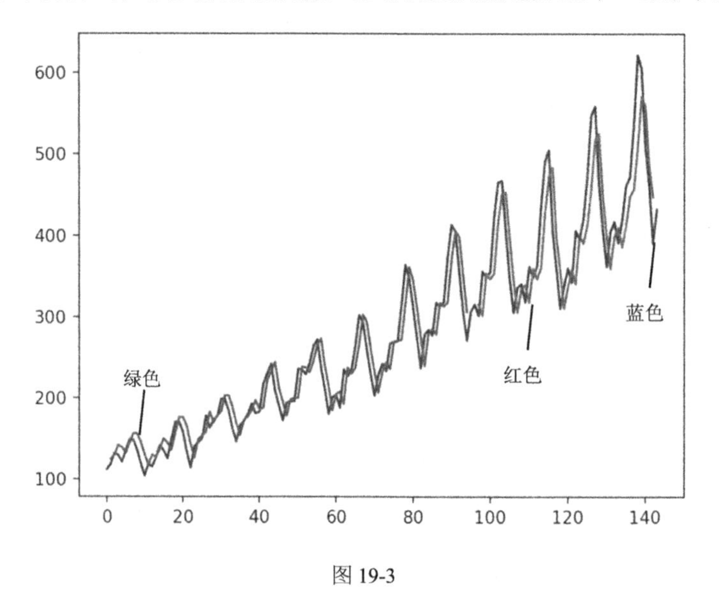

图 19-3

从代码执行的结果可以看到，均方误差相比上一个例子有所改善，结果如下：

```
Train Score: 22.92 RMSE
Validation Score: 47.53 RMSE
```

19.4 LSTM 的批次间记忆

LSTM 网络具有能够跨长序列的记忆能力。通常情况下，每个训练批次之后，或者调用 model.predict()或 model.evaluate()函数之后，网络的状态都会重新设置。在 Keras 中，通过设置 LSTM 层的 stateful 为 True，来保存 LSTM 层的内部状态，从而获得更好的控制。这意味着可以在整个训练序列上构建状态，甚至在需要进行预测时也保持该状态。

为了保持状态，要求在训练神经网络模型时不忽略数据。这需要每个 epoch 训练结束后，通过调用 model.reset_states()函数，显式地重置网络状态。也就是说，必须创建外部循环的 epoch，并在每个 epoch 中调用 model.fit()和 model.reset_states()函数。

而且，在构建 LSTM 层时，状态参数必须设置为 True，并且对每个 epoch 中的样本数量进行硬编码，而不是仅简单地指定输入的维度，通过设置 batch_input_shape 参数来指定每一次 epoch 中的数据样本，batch_input_shape 由 batch_size、time_steps、features 三个参数构成。需要注意的是，在评估模型和使用模型进行预测时，必须使用相同的 batch_size，代码如下：

```
import numpy as np
from matplotlib import pyplot as plt
from pandas import read_csv
import math
from keras.models import Sequential
from keras.layers import Dense
from keras.layers import LSTM
from sklearn.preprocessing import MinMaxScaler
from sklearn.metrics import mean_squared_error

seed = 7
batch_size = 1
epochs = 100
filename = 'international-airline-passengers.csv'
footer = 3
look_back=3

def create_dataset(dataset):
    dataX, dataY = [], []
    for i in range(len(dataset) - look_back - 1):
        x = dataset[i: i + look_back, 0]
```

```
            dataX.append(x)
            y = dataset[i + look_back, 0]
            dataY.append(y)
            print('X: %s, Y: %s' % (x, y))
        return np.array(dataX), np.array(dataY)

    def build_model():
        model = Sequential()
        model.add(LSTM(units=4, batch_input_shape=(batch_size, look_back, 1),
stateful=True))
        model.add(Dense(units=1))
        model.compile(loss='mean_squared_error', optimizer='adam')
        return model

    if __name__ == '__main__':

        # 设置随机数种子
        np.random.seed(seed)

        # 导入数据
        data = read_csv(filename, usecols=[1], engine='python', skipfooter=footer)
        dataset = data.values.astype('float32')
        # 标准化数据
        scaler = MinMaxScaler()
        dataset = scaler.fit_transform(dataset)
        train_size = int(len(dataset) * 0.67)
        validation_size = len(dataset) - train_size
        train, validation = dataset[0: train_size, :], dataset[train_size:
len(dataset), :]

        # 创建dataset，让数据产生相关性
        X_train, y_train = create_dataset(train)
        X_validation, y_validation = create_dataset(validation)

        # 将输入转化成 [样本，时间步长，特征]
        X_train = np.reshape(X_train, (X_train.shape[0], X_train.shape[1], 1))
        X_validation = np.reshape(X_validation, (X_validation.shape[0],
```

```
X_validation.shape[1], 1))

        # 训练模型
        model = build_model()
        for i in range(epochs):
            history = model.fit(X_train, y_train, epochs=epochs,
batch_size=batch_size, verbose=0, shuffle=False)
            mean_loss = np.mean(history.history['loss'])
            print('mean loss %.5f for loop %s' % (mean_loss, str(i)))
            model.reset_states()

        # 模型预测数据
        predict_train = model.predict(X_train, batch_size=batch_size)
        model.reset_states()
        predict_validation = model.predict(X_validation, batch_size=batch_size)

        # 反标准化数据，目的是保证MSE的准确性
        predict_train = scaler.inverse_transform(predict_train)
        y_train = scaler.inverse_transform([y_train])
        predict_validation = scaler.inverse_transform(predict_validation)
        y_validation = scaler.inverse_transform([y_validation])

        # 评估模型
        train_score = math.sqrt(mean_squared_error(y_train[0], predict_train[:, 0]))
        print('Train Score: %.2f RMSE' % train_score)
        validation_score = math.sqrt(mean_squared_error(y_validation[0],
predict_validation[:, 0]))
        print('Validation Score: %.2f RMSE' % validation_score)

        # 构建通过训练数据集进行预测的图表数据
        predict_train_plot = np.empty_like(dataset)
        predict_train_plot[:, :] = np.nan
        predict_train_plot[look_back:len(predict_train) + look_back, :] =
predict_train

        # 构建通过评估数据集进行预测的图表数据
        predict_validation_plot = np.empty_like(dataset)
```

```
    predict_validation_plot[:, :] = np.nan
    predict_validation_plot[len(predict_train) + look_back * 2 + 1:len(dataset) -
1, :] = predict_validation

    # 图表显示
    dataset = scaler.inverse_transform(dataset)
    plt.plot(dataset, color='blue')
    plt.plot(predict_train_plot, color='green')
    plt.plot(predict_validation_plot, color='red')
    plt.show()
```

执行代码后可以看到，实际数据的走势与预测数据的走势基本一致，如图 19-4 所示。

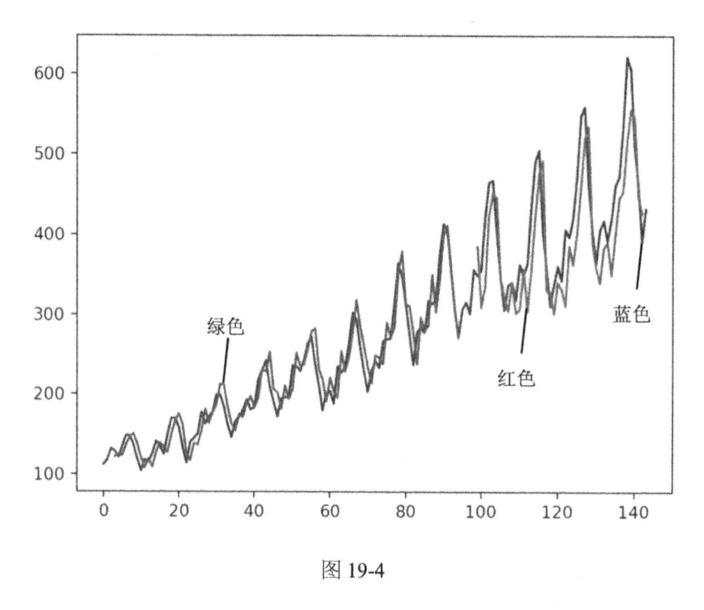

图 19-4

从执行结果中可以看到，均方误差的值有所改善，结果如下：

```
Train Score: 20.17 RMSE
Validation Score: 52.00 RMSE
```

19.5　堆叠 LSTM 的批次间记忆

最后，将介绍 LSTM 一个非常大的优点，即在堆叠成深层网络架构时，可以成功地进行训练。在 Keras 中，LSTM 也可以进行堆叠。在进行网络拓扑配置时，每个 LSTM 层之前的 LSTM 层必须返回序列，可以通过将 LSTM 层上的 return_sequences 参数设置为 True 来完成。下面的例子将上一节中的 LSTM 扩展到两层，代码如下：

```
import numpy as np
from matplotlib import pyplot as plt
from pandas import read_csv
import math
from keras.models import Sequential
from keras.layers import Dense
from keras.layers import LSTM
from sklearn.preprocessing import MinMaxScaler
from sklearn.metrics import mean_squared_error

seed = 7
batch_size = 1
epochs = 100
filename = 'international-airline-passengers.csv'
footer = 3
look_back=3

def create_dataset(dataset):
    dataX, dataY = [], []
    for i in range(len(dataset) - look_back - 1):
        x = dataset[i: i + look_back, 0]
        dataX.append(x)
        y = dataset[i + look_back, 0]
        dataY.append(y)
        print('X: %s, Y: %s' % (x, y))
    return np.array(dataX), np.array(dataY)

def build_model():
    model = Sequential()
    model.add(LSTM(units=4, batch_input_shape=(batch_size, look_back, 1),
stateful=True, return_sequences=True))
    model.add(LSTM(units=4, batch_input_shape=(batch_size, look_back, 1),
stateful=True))
```

```
    model.add(Dense(units=1))
    model.compile(loss='mean_squared_error', optimizer='adam')
    return model

if __name__ == '__main__':

    # 设置随机数种子
    np.random.seed(seed)

    # 导入数据
    data = read_csv(filename, usecols=[1], engine='python', skipfooter=footer)
    dataset = data.values.astype('float32')
    # 标准化数据
    scaler = MinMaxScaler()
    dataset = scaler.fit_transform(dataset)
    train_size = int(len(dataset) * 0.67)
    validation_size = len(dataset) - train_size
    train, validation = dataset[0: train_size, :], dataset[train_size:
len(dataset), :]

    # 创建dataset，让数据产生相关性
    X_train, y_train = create_dataset(train)
    X_validation, y_validation = create_dataset(validation)

    # 将输入转化成[样本，时间步长，特征]
    X_train = np.reshape(X_train, (X_train.shape[0], X_train.shape[1], 1))
    X_validation = np.reshape(X_validation, (X_validation.shape[0],
X_validation.shape[1], 1))

    # 训练模型
    model = build_model()
    for i in range(epochs):
        history = model.fit(X_train, y_train, epochs=epochs,
batch_size=batch_size, verbose=0, shuffle=False)
        mean_loss = np.mean(history.history['loss'])
        print('mean loss %.5f for loop %s' % (mean_loss, str(i)))
        model.reset_states()
```

```
# 模型预测数据
predict_train = model.predict(X_train, batch_size=batch_size)
model.reset_states()
predict_validation = model.predict(X_validation, batch_size=batch_size)

# 反标准化数据，目的是保证 MSE 的准确性
predict_train = scaler.inverse_transform(predict_train)
y_train = scaler.inverse_transform([y_train])
predict_validation = scaler.inverse_transform(predict_validation)
y_validation = scaler.inverse_transform([y_validation])

# 评估模型
train_score = math.sqrt(mean_squared_error(y_train[0], predict_train[:, 0]))
print('Train Score: %.2f RMSE' % train_score)
validation_score = math.sqrt(mean_squared_error(y_validation[0],
predict_validation[:, 0]))
print('Validation Score: %.2f RMSE' % validation_score)

# 构建通过训练数据集进行预测的图表数据
predict_train_plot = np.empty_like(dataset)
predict_train_plot[:, :] = np.nan
predict_train_plot[look_back:len(predict_train) + look_back, :] =
predict_train

# 构建通过评估数据集进行预测的图表数据
predict_validation_plot = np.empty_like(dataset)
predict_validation_plot[:, :] = np.nan
predict_validation_plot[len(predict_train) + look_back * 2 + 1:len(dataset) -
1, :] = predict_validation

# 图表显示
dataset = scaler.inverse_transform(dataset)
plt.plot(dataset, color='blue')
plt.plot(predict_train_plot, color='green')
plt.plot(predict_validation_plot, color='red')
plt.show()
```

执行代码后可以看到，相比之前的示例，趋势图变差了很多，需要对模型进行优化，改进模型，如图 19-5 所示。

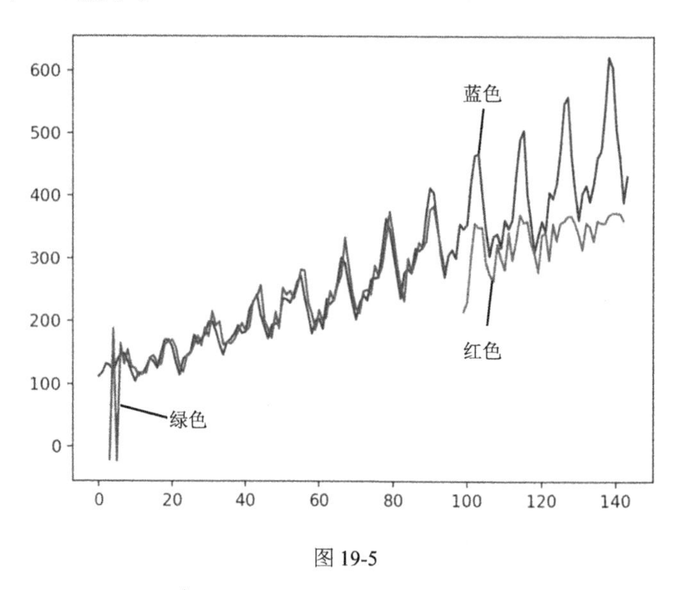

图 19-5

从执行结果可以看到，均方误差变差了很多，简单的示例模型没有提高模型的准确度，需要对模型进行优化才能改进模型的准确度。执行结果如下：

```
Train Score: 30.70 RMSE
Validation Score: 105.41 RMSE
```

20

序列分类：IMDB 影评分类

序列分类是通过输入的空间或时间序列，预测序列类别的任务。在序列分类中，最大的问题是序列的长度可以变化，并且输入符号由非常多的词汇组成，而且可能需要模型来学习输入序列中的上下文或符号之间的依赖关系。本章将介绍如何利用 LSTM 来解决序列分类问题。

20.1 问题描述

本章采用 IMDB 数据集来对序列分类问题进行分析，这个数据集在第 16 章情感分析中已经介绍过。在这一章将会通过 LSTM 来分析影评中对电影的评价。

20.2 简单 LSTM

数据的导入和整理请参考第 16 章，在这里不再多做说明。需要注意的是，数据导入后，因为影评序列结构的不一致性，需要填补数据，保持数据结构的一致，方便算法处理。首先构建一个简单的 LSTM 模型，来看一下 LSTM 对这个问题的处理效果。这个模型中包含一个词嵌入层、一个 LSTM 层及一个输出层，代码如下：

```
from keras.datasets import imdb
import numpy as np
from keras.preprocessing import sequence
from keras.models import Sequential
from keras.layers.embeddings import Embedding
from keras.layers import LSTM
from keras.layers import Dense

seed = 7
top_words = 5000
max_words = 500
out_dimension = 32
batch_size = 128
epochs = 2

# 构建模型
def build_model():
    model = Sequential()
    model.add(Embedding(top_words, out_dimension, input_length=max_words))
    model.add(LSTM(units=100))
    model.add(Dense(units=1, activation='sigmoid'))
    model.compile(loss='binary_crossentropy', optimizer='adam',
metrics=['accuracy'])
    # 输出模型的概要信息
    model.summary()
    return model

if __name__ == '__main__':

    np.random.seed(seed=seed)
    # 导入数据
    (x_train, y_train), (x_validation, y_validation) =
imdb.load_data(num_words=top_words)

    # 限定数据集的长度
```

```
x_train = sequence.pad_sequences(x_train, maxlen=max_words)
x_validation = sequence.pad_sequences(x_validation, maxlen=max_words)

# 生成模型并训练模型
model = build_model()
model.fit(x_train, y_train, batch_size=batch_size, epochs=epochs, verbose=2)
scores = model.evaluate(x_validation, y_validation, verbose=2)
print('Accuracy: %.2f%%' % (scores[1] * 100))
```

执行代码后可以看到，在评估数据集上的准确度是86.80%，即使是在这个非常简单、没有调优的模型上，结果依然非常高，接近以前基于这个数据集发表的论文的结果。执行结果如下：

```
Accuracy: 86.80%
```

20.3 使用 Dropout 改进过拟合

在循环神经网络中比较容易出现的问题是过拟合，Dropout 是避免过拟合的利器。增加 Dropout 层后，需要对模型进行调优，才能得到较好的结果。这里仅简单地增加 Dropout 层，不做调优处理，代码如下：

```
from keras.datasets import imdb
import numpy as np
from keras.preprocessing import sequence
from keras.models import Sequential
from keras.layers.embeddings import Embedding
from keras.layers import LSTM, Dropout
from keras.layers import Dense

seed = 7
top_words = 5000
max_words = 500
out_dimension = 32
batch_size = 128
epochs = 2
dropout_rate = 0.2
```

```
# 构建模型
def build_model():
    model = Sequential()
    model.add(Embedding(top_words, out_dimension, input_length=max_words))
    model.add(Dropout(dropout_rate))
    model.add(LSTM(units=100))
    model.add(Dropout(dropout_rate))
    model.add(Dense(units=1, activation='sigmoid'))
    model.compile(loss='binary_crossentropy', optimizer='adam',
metrics=['accuracy'])
    # 输出模型的概要信息
    model.summary()
    return model

if __name__ == '__main__':

    np.random.seed(seed=seed)
    # 导入数据
    (x_train, y_train), (x_validation, y_validation) =
imdb.load_data(num_words=top_words)

    # 限定数据集的长度
    x_train = sequence.pad_sequences(x_train, maxlen=max_words)
    x_validation = sequence.pad_sequences(x_validation, maxlen=max_words)

    # 生成模型并训练模型
    model = build_model()
    model.fit(x_train, y_train, batch_size=batch_size, epochs=epochs, verbose=2)
    scores = model.evaluate(x_validation, y_validation, verbose=2)
    print('Accuracy: %.2f%%' % (scores[1] * 100))
```

执行代码可以看到，在增加了 Dropout 之后，代码的执行时间有所增加，在评估数据集上的准确度略有提升。执行结果如下：

```
Accuracy: 87.06%
```

在使用 Dropout 之后，没有进行任何调优，也许只是增加训练 epoch 的次数就可以得到更优的结果。

Keras 在 LSTM 层中提供了通过参数进行 Dropout 的方法，这包含对输入数据进行 Dropout 的参数和对 LSTM 中循环的展开的存储单元的 Dropout 参数。使用这两个参数，可以将模型的构建函数 build_model()修改为：

```
model.add(LSTM(units=100, dropout=0.2, recurrent_dropout=0.2))
```

20.4　混合使用 LSTM 和 CNN

卷积神经网络对于稀疏结构的数据处理非常有效。IMDB 影评数据确实在评价的单词序列中具有一维稀疏空间结构，CNN 能够挑选出不良情绪的不变特征。通过 CNN 学习后的空间特征，可以被 LSTM 层学习为序列。在词嵌入层之后，可以通过添加一维 CNN 和最大池化层，将合并的特征提供给 LSTM。在卷积层使用具有 32 个特征的滤波器，并将其步长设置为 3，池化层使用步长为 2 的标准步长将特征图大小减半，代码如下：

```
from keras.datasets import imdb
import numpy as np
from keras.preprocessing import sequence
from keras.models import Sequential
from keras.layers.embeddings import Embedding
from keras.layers import LSTM, Dropout
from keras.layers import Dense
from keras.layers.convolutional import Conv1D, MaxPooling1D

seed = 7
top_words = 5000
max_words = 500
out_dimension = 32
batch_size = 128
epochs = 2
dropout_rate = 0.2

# 构建模型
def build_model():
```

```
    model = Sequential()
    model.add(Embedding(top_words, out_dimension, input_length=max_words))
    model.add(Conv1D(filters=32, kernel_size=3, padding='same',
activation='relu'))
    model.add(MaxPooling1D(pool_size=2))
    model.add(LSTM(units=100))
    model.add(Dense(units=1, activation='sigmoid'))
    model.compile(loss='binary_crossentropy', optimizer='adam',
metrics=['accuracy'])
    # 输出模型的概要信息
    model.summary()
    return model

if __name__ == '__main__':

    np.random.seed(seed=seed)
    # 导入数据
    (x_train, y_train), (x_validation, y_validation) =
imdb.load_data(num_words=top_words)

    # 限定数据集的长度
    x_train = sequence.pad_sequences(x_train, maxlen=max_words)
    x_validation = sequence.pad_sequences(x_validation, maxlen=max_words)

    # 生成模型并训练模型
    model = build_model()
    model.fit(x_train, y_train, batch_size=batch_size, epochs=epochs, verbose=2)
    scores = model.evaluate(x_validation, y_validation, verbose=2)
    print('Accuracy: %.2f%%' % (scores[1] * 100))
```

仅简单地增加了一层卷积层和池化层，结果就比本章的第一个例子有了一定幅度的提升，如果对结果进行进一步调优，也许能得到一个不错的模型。执行结果如下：

```
Accuracy: 88.86%
```

21 多变量时间序列预测：PM2.5 预报

长短期记忆网络的出现，解决了循环神经网络中的一个重大问题，即梯度消失和梯度爆炸。目前，长短期记忆网络在对时间关系建模方面得到了广泛应用。在建模过程中，影响结果的维度通常都是多维的，本章将介绍如何使用长短期记忆网络来处理多变量时间序列预测的问题。

21.1 问题描述

本章将通过空气污染预测来说明如何实现多变量时间序列的预测问题。这个数据集是美国驻华（北京）大使馆五年内报告的天气和污染水平。数据集中包含日期、PM2.5 污染物浓度，以及天气信息，包括露点（露点温度）、温度、压力、风向、风速、累计的降雪小时数和累计的降水小时数。数据集中的数据包括从 2010 年 1 月 1 号到 2014 年 12 月 31 号的数据。数据集可以到 UCI 机器学习仓库网站下载（http://archive.ics.uci.edu/ml/datasets/Beijing+PM2.5+Data）。

21.2 数据导入与准备

从 UCI 机器学习仓库下载数据后，将其重命名为 pollution_original.csv。下载数据集后，查看一下前 5 行的数据内容。结果如下：

```
   No  year  month  day  hour  pm2.5  DEWP  TEMP    PRES   cbwd  Iws   Is  Ir
0   1  2010    1     1    0    NaN    -21   -11.0  1021.0   NW   1.79   0   0
1   2  2010    1     1    1    NaN    -21   -12.0  1020.0   NW   4.92   0   0
2   3  2010    1     1    2    NaN    -21   -11.0  1019.0   NW   6.71   0   0
3   4  2010    1     1    3    NaN    -21   -14.0  1019.0   NW   9.84   0   0
4   5  2010    1     1    4    NaN    -20   -12.0  1018.0   NW   12.97  0   0
```

可以看到，PM2.5 的数值存在缺失值，需要进行填充，在这里采用平均值进行填充。No 列没有实际的作用，将直接删除。日期是按照年、月、日及小时分割记录的，需要将其合并为一个时间值，并将其设置为 DataFrame 的索引。在导入的数据中，风向是分类变量，其他的各项都是数值变量，通过图表查看数据的变化趋势，代码如下：

```
from pandas import read_csv
from datetime import datetime
from matplotlib import pyplot as plt

filename = 'pollution_original.csv'

def prase(x):
    return datetime.strptime(x, '%Y %m %d %H')

def load_dataset():
    # 导入数据
    dataset = read_csv(filename, parse_dates=[['year', 'month', 'day', 'hour']], index_col=0, date_parser=prase)

    # 删除 No 列
    dataset.drop('No', axis=1, inplace=True)

    # 设定列名
    dataset.columns = ['pollution', 'dew', 'temp', 'press', 'wnd_dir', 'wnd_spd', 'snow', 'rain']
```

```
    dataset.index.name = 'date'

    # 使用中位数填充缺失值
    dataset['pollution'].fillna(dataset['pollution'].mean(), inplace=True)

    return dataset

if __name__ == '__main__':
    dataset = load_dataset()
    print(dataset.head(5))

    # 查看数据的变化趋势
    groups = [0, 1, 2, 3, 5, 6, 7]
    plt.figure()
    i = 1
    for group in groups:
        plt.subplot(len(groups), 1, i)
        plt.plot(dataset.values[:, group])
        plt.title(dataset.columns[group], y = 0.5, loc='right')
        i = i + 1
    plt.show()
```

执行结果如图 21-1 所示。

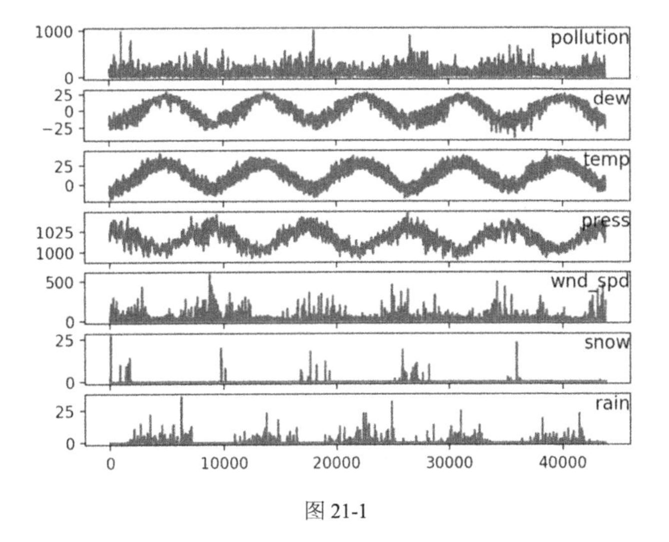

图 21-1

21.3 构建数据集

通过历史的污染数据预测未来的污染状况，这是典型的时间序列问题，也是长短期记忆网络比较擅长处理的时间序列问题。在处理时间序列问题时，通常会使用过去时间段的数据（$t-n \sim t-1$）来预测当前的数据（t）。因此把数据按照这种方式进行整理，并生成训练模型用的数据集。这里只需要预测 PM2.5 的浓度，因此输出数据仅保留 PM2.5 浓度这个项目。因为风向是一个分类类型的维度，神经网络只接受数字的输入，因此需要将风向编码成数字，代码如下：

```
def convert_dataset(data, n_input=1, out_index=0, dropnan=True):
    n_vars = 1 if type(data) is list else data.shape[1]
    df = DataFrame(data)
    cols, names = [], []
    # 输入序列 (t-n,…,t-1)
    for i in range(n_input, 0, -1):
        cols.append(df.shift(i))
        names += [('var%d(t-%d)' % (j + 1, i)) for j in range(n_vars)]
    # 输出结果 (t)
    cols.append(df[df.columns[out_index]])
    names += ['result']
    # 合并输入/输出序列
    result = concat(cols, axis=1)
    result.columns = names
    # 删除包含缺失值的行
    if dropnan:
        result.dropna(inplace=True)
    return result

# class_indexs 编码的字段序列号，或者序列号 List，列号从 0 开始
def class_encode(data, class_indexs):
    encoder = LabelEncoder()
    class_indexs = class_indexs if type(class_indexs) is list else
[class_indexs]

    values = DataFrame(data).values
```

```
    for index in class_indexs:
        values[:, index] = encoder.fit_transform(values[:, index])

    return DataFrame(values) if type(data) is DataFrame else values
```

21.4 简单 LSTM

构建一个相对简单的模型，并对模型进行评估。这个模型中包含两个 LSTM 层，并通过自定义的梯度下降算法作为模型的优化器。将数据集分割成训练数据集和评估数据集，为了方便展示模型的性能，仅将 50 条数据分割到评估数据集。模型训练完成后，通过模型预测评估数据，并通过图表展示预测结果与实际结果走势的对比。完整代码如下：

```
from pandas import DataFrame, concat, read_csv
from keras.models import Sequential
from keras.layers import LSTM, Dense
from keras.optimizers import SGD
from sklearn.preprocessing import LabelEncoder, MinMaxScaler
from matplotlib import pyplot as plt
from datetime import datetime

batch_size = 72
epochs = 50
# 通过过去几次的数据进行预测
n_input = 1
n_train_hours = 365 * 24 * 4
n_validation_hours = 24 * 5
filename = 'pollution_original.csv'

def prase(x):
    return datetime.strptime(x, '%Y %m %d %H')

def load_dataset():
    # 导入数据
    dataset = read_csv(filename, parse_dates=[['year', 'month', 'day', 
'hour']], index_col=0, date_parser=prase)
```

```
    # 删除 No 列
    dataset.drop('No', axis=1, inplace=True)

    # 设定列名
    dataset.columns = ['pollution', 'dew', 'temp', 'press', 'wnd_dir',
'wnd_spd', 'snow', 'rain']
    dataset.index.name = 'date'

    # 使用中位数填充缺失值
    dataset['pollution'].fillna(dataset['pollution'].mean(), inplace=True)

    return dataset

def convert_dataset(data, n_input=1, out_index=0, dropnan=True):
    n_vars = 1 if type(data) is list else data.shape[1]
    df = DataFrame(data)
    cols, names = [], []
    # 输入序列 (t-n,…,t-1)
    for i in range(n_input, 0, -1):
        cols.append(df.shift(i))
        names += [('var%d(t-%d)' % (j + 1, i)) for j in range(n_vars)]
    # 输出结果 (t)
    cols.append(df[df.columns[out_index]])
    names += ['result']
    # 合并输入/输出序列
    result = concat(cols, axis=1)
    result.columns = names
    # 删除包含缺失值的行
    if dropnan:
        result.dropna(inplace=True)
    return result


# class_indexs 编码的字段序列号，或者序列号 List，列号从 0 开始
def class_encode(data, class_indexs):
    encoder = LabelEncoder()
    class_indexs = class_indexs if type(class_indexs) is list else
[class_indexs]
```

```
    values = DataFrame(data).values

    for index in class_indexs:
        values[:, index] = encoder.fit_transform(values[:, index])

    return DataFrame(values) if type(data) is DataFrame else values

def build_model(lstm_input_shape):
    model = Sequential()
    model.add(LSTM(units=50, input_shape=lstm_input_shape,
return_sequences=True))
    model.add(LSTM(units=50, dropout=0.2, recurrent_dropout=0.2))
    model.add(Dense(1))
    model.compile(loss='mae', optimizer='adam')
    model.summary()
    return model

if __name__ == '__main__':
    # 导入数据
    data = load_dataset()
    # 对风向列进行编码
    data = class_encode(data, 4)
    # 生成数据集，使用前 5 次的数据来预测新数据
    dataset = convert_dataset(data, n_input=n_input)
    values = dataset.values.astype('float32')

    # 分类训练数据集与评估数据集

    train = values[:n_train_hours, :]
    validation = values[-n_validation_hours:, :]
    x_train, y_train = train[:, :-1], train[:, -1]
    x_validation, y_validation = validation[:, :-1], validation[:, -1]

    # 数据归一元(0-1)
    scaler = MinMaxScaler()
    x_train = scaler.fit_transform(x_train)
    x_validation = scaler.fit_transform(x_validation)
```

```
        # 将数据整理成［样本，时间步长，特征］结构
        x_train = x_train.reshape(x_train.shape[0], n_input, x_train.shape[1])
        x_validation = x_validation.reshape(x_validation.shape[0], 1,
x_validation.shape[1])
        # 查看数据维度
        print(x_train.shape, y_train.shape, x_validation.shape,
y_validation.shape)

        # 训练模型
        lstm_input_shape = (x_train.shape[1], x_train.shape[2])
        model = build_model(lstm_input_shape)
        model.fit(x_train, y_train, batch_size=batch_size,
validation_data=(x_validation, y_validation), epochs=epochs, verbose=2)

        # 使用模型预测评估数据集
        prediction = model.predict(x_validation)

        # 图表显示
        plt.plot(y_validation, color='blue', label='Actual')
        plt.plot(prediction, color='green', label='Prediction')
        plt.legend(loc='upper right')
        plt.show()
```

从执行结果可以看到，预测相对准确，并且走势基本一致，如图 21-2 所示。

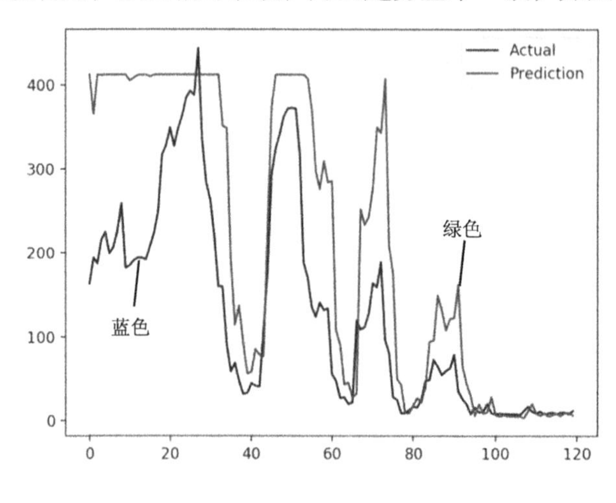

图 21-2

22 文本生成实例：爱丽丝梦游仙境

循环神经网络不仅可以用于预测模型，也可以用作生成模型。也就是说，可以使用循环神经网络学习序列问题，并为问题域生成全新的合理序列。生成模型不仅需要对问题本身进行深入研究，还需要了解问题相关的知识领域的信息。在这个项目中，将使用长短期记忆网络为文本创建生成模型。

22.1 问题描述

许多古典文本不再受版权保护，这意味着可以免费下载这些图书的所有文本，并在实验中使用它们，如创建生成模型。在本章中，将使用作者最喜爱的一本国外童话书《爱丽丝梦游仙境》进行文本分析，并使用其生成模型生成新的文本序列。《爱丽丝梦游仙境》的文本可以到 https://www.gutenberg.org/ebooks/11 下载。

22.2 导入数据

下载后的文本文件需要进行预处理，才能用于神经网络的训练。首先将文本导入 Python，然后按照标点符号分割成不同的句子，并将其中无意义的字符（如换行符等）和每个章节的标题删除，代码如下：

```
def load_dataset():
    # 读入文件
    with open(file=filename, mode='r') as file:
        document = []
        lines = file.readlines()
        for line in lines:
            # 删除非内容字符
            value = clear_data(line)
            if value != '':
                # 对一行文本进行分词
                for str in word_tokenize(value):
                    # 跳过章节标题
                    if str == 'CHAPTER':
                        break
                    else:
                        document.append(str.lower())

        return document

def clear_data(str):
    # 删除字符串中的特殊字符或换行符
    value = str.replace('\ufeff', '').replace('\n', '')
    return value
```

22.3 分词与向量化

文本文件导入后，需要将每个单词包括标点符号转换成数字，作为神经网络模型的输入。在对文本进行分词时使用 NLTK 库来处理，并使用 Gensim 将分词后的单词转化成整数。NLTK 和 Gensim 可以通过 pip 来进行安装，在这里不再详细介绍。安装完成后，NLTK 需要先下载词库到本地，然后就可以使用 NLTK 进行分词。首次使用 NLTK，可以使用如下代码将词库下载到本地：

```
import nltk
import ssl

# 取消 SSl 认证
ssl._create_default_https_context = ssl._create_unverified_context

# 下载 nltk 数据包
nltk.download()
```

在安装准备完成后，先使用 NLTK 和 Gensim 进行分词，并将其转化成整数。分词使用 NLTK 的 word_tokenize()函数，分词的过程与数据导入同步进行。然后使用 Gensim 将单词转换为整数，并生成一个简单的向量，代码如下：

```
def word_to_integer(document):
    # 生成字典
    dic = corpora.Dictionary([document])
    # 保存字典到文本文件
    dic.save_as_text(dict_file)
    dic_set = dic.token2id
    # 将单词转换为整数
    values = []
    for word in document:
        # 查找每个单词在字典中的编码
        values.append(dic_set[word])
    return values
```

22.4 词云

分词之后，将整个单词序列中的标点符号排除，生成词云看一下哪些单词在书中出现最频繁。出现越频繁的单词，显示的字体越大，生成词云使用 pyecharts（百度开源的一个图表显示工具，可以使用 pip 进行安装）。使用 pyecharts 生成词云时，只需要导入 WordCloud 类，传入单词列表和单词出现的频率即可，代码如下：

```
# 生成词云
def show_word_cloud(document):
    # 需要清除的标点符号
```

```
    left_words = ['.', ',', '?', '!', ';', ':', '\'', '(', ')']
    # 生成字典
    dic = corpora.Dictionary([document])
    # 计算得到每个单词的使用频率
    words_set = dic.doc2bow(document)

    # 生成单词列表和使用频率列表
    words, frequences = [], []
    for item in words_set:
        key = item[0]
        frequence = item[1]
        word = dic.get(key=key)
        if word not in left_words:
            words.append(word)
            frequences.append(frequence)
    # 使用 pyecharts 生成词云
    word_cloud = WordCloud(width=1000, height=620)
    word_cloud.add(name='Alice\'s word cloud', attr=words, value=frequences,
shape='circle', word_size_range=[20, 100])
    word_cloud.render()
```

执行代码，从得到的词云可以看到，在《爱丽丝梦游仙境》中出现频率最高的三个单词是：the，and 和 to，这三个单词都是连词。词云如图 22-1 所示。

图 22-1

22.5 简单 LSTM

到这里，所有的准备工作全部完成，首先通过一个简单的长短期记忆网络来生成对《爱丽丝梦游仙境》的文本分析模型，这个模型中包含一个词嵌入层、一个 LSTM 层、一个 Dropout 层，以及一个使用 softmax 激活函数的输出层。然后将准备的数据按照固定长度拆分成训练数据集，并使用其训练模型，同时将生成的模型保存到文件中。完整代码如下：

```
from nltk import word_tokenize
from gensim import corpora
from keras.models import Sequential
from keras.layers import LSTM
from keras.layers import Dense
from keras.layers import Dropout
from keras.layers.embeddings import Embedding
from keras.layers.convolutional import Conv1D, MaxPooling1D
import numpy as np
from keras.utils import np_utils
from pyecharts import WordCloud

filename = 'Alice.txt'
document_split = ['.', ',', '?', '!', ';']
batch_size = 128
epochs = 200
model_json_file = 'simple_model.json'
model_hd5_file = 'simple_model.hd5'
dict_file = 'dict_file.txt'
dict_len = 2789
max_len = 20
document_max_len = 33200

def load_dataset():
    # 读入文件
    with open(file=filename, mode='r') as file:
        document = []
```

```
        lines = file.readlines()
        for line in lines:
            # 删除非内容字符
            value = clear_data(line)
            if value != '':
                # 对一行文本进行分词
                for str in word_tokenize(value):
                    # 跳过章节标题
                    if str == 'CHAPTER':
                        break
                    else:
                        document.append(str.lower())

    return document

def clear_data(str):
    # 删除字符串中的特殊字符或换行符
    value = str.replace('\ufeff', '').replace('\n', '')
    return value

def word_to_integer(document):
    # 生成字典
    dic = corpora.Dictionary([document])
    # 保存字典到文本文件
    dic.save_as_text(dict_file)
    dic_set = dic.token2id
    # 将单词转换为整数
    values = []
    for word in document:
        # 查找每个单词在字典中的编码
        values.append(dic_set[word])
    return values

def build_model():
    model = Sequential()
    model.add(Embedding(input_dim=dict_len, output_dim=32, input_length=max_len))
```

```
    model.add(Conv1D(filters=32, kernel_size=3, padding='same',
activation='relu'))
    model.add(MaxPooling1D(pool_size=2))
    model.add(LSTM(units=256))
    model.add(Dropout(0.2))
    model.add(Dense(units=dict_len, activation='softmax'))
    model.compile(loss='categorical_crossentropy', optimizer='adam')
    model.summary()
    return model

def make_y(document):
    dataset = make_dataset(document)
    y = dataset[1:dataset.shape[0], 0]
    return y

def make_x(document):
    dataset = make_dataset(document)
    x = dataset[0: dataset.shape[0] - 1, :]
    return x

# 按照固定长度拆分文本
def make_dataset(document):
    dataset = np.array(document[0:document_max_len])
    dataset = dataset.reshape(int(document_max_len / max_len), max_len)
    return dataset

# 生成词云
def show_word_cloud(document):
    # 需要清除的标点符号
    left_words = ['.', ',', '?', '!', ';', ':', '\'', '(', ')']
    # 生成字典
    dic = corpora.Dictionary([document])
    # 计算得到每个单词的使用频率
    words_set = dic.doc2bow(document)

    # 生成单词列表和使用频率列表
    words, frequences = [], []
```

```
    for item in words_set:
        key = item[0]
        frequence = item[1]
        word = dic.get(key=key)
        if word not in left_words:
            words.append(word)
            frequences.append(frequence)
    # 使用pyecharts 生成词云
    word_cloud = WordCloud(width=1000, height=620)
    word_cloud.add(name='Alice\'s word cloud', attr=words, value=frequences,
shape='circle', word_size_range=[20, 100])
    word_cloud.render()


if __name__ == '__main__':
    document = load_dataset()
    show_word_cloud(document)

    # 将单词转换为整数
    values = word_to_integer(document)
    x_train = make_x(values)
    y_train = make_y(values)
    # 进行 one-hot 编码
    y_train = np_utils.to_categorical(y_train, dict_len)

    model = build_model()
    model.fit(x_train,  y_train,  batch_size=batch_size,  epochs=epochs,
verbose=2)
    # 保存模型到 json 文件中
    model_json = model.to_json()
    with open(model_json_file, 'w') as file:
        file.write(model_json)
    # 保存权重数值到文件中
    model.save_weights(model_hd5_file)
```

执行代码后，会在文件系统中生成字典文件（dict_file.txt）、模型配置文件（simple_model.json），以及模型权重文件（simple_model.hd5）。这三个文件将会在下一个小节中使用到。

22.6 生成文本

使用训练完成的 LSTM 模型生成文本相对简单。首先，设定一段作为开始的句子，长度为训练模型时的输入长度。然后加载 22.5 节中生成的字典文件、模型配置文件及模型权重文件，并编译生成 LSTM 模型，这个模型不再需要进行训练。最后，利用这个加载的 LSTM 模型做出预测。使用 LSTM 模型做出预测的最简单方法是首先使用给定序列作为输入，然后生成下一个单词，再更新给定序列，将生成的单词添加到末尾并修剪第一个单词。在这里重复这个过程 200 次，就可以生成一篇文章。

模型训练时，将单词转换为整数，进行模型训练，因此，通过模型预测的结果也是整数，而且需要将生成的整数序列转换为单词。完整代码如下：

```
from nltk import word_tokenize
from gensim import corpora
from keras.models import model_from_json
import numpy as np

model_json_file = 'simple_model.json'
model_hd5_file = 'simple_model.hd5'
dict_file = 'dict_file.txt'
words = 200
max_len = 20
myfile = 'myfile.txt'

def load_dict():
    # 从文本导入字典
    dic = corpora.Dictionary.load_from_text(dict_file)
    return dic
```

```
def load_model():
    # 从json加载模型
    with open(model_json_file, 'r') as file:
        model_json = file.read()

    # 加载模型
    model = model_from_json(model_json)
    model.load_weights(model_hd5_file)
    model.compile(loss='categorical_crossentropy', optimizer='adam')
    return model

def word_to_integer(document):
    # 导入字典
    dic = load_dict()
    dic_set = dic.token2id
    # 将单词转换为整数
    values = []
    for word in document:
        # 查找每个单词在字典中的编码
        values.append(dic_set[word])
    return values

def make_dataset(document):
    dataset = np.array(document)
    dataset = dataset.reshape(1, max_len)
    return dataset

def reverse_document(values):
    # 导入字典
    dic = load_dict()
    dic_set = dic.token2id
    # 将编码转换为单词
    document = ''
    for value in values:
        word = dic.get(value)
        document = document + word + ' '
```

```
    return document
if __name__ == '__main__':
    model = load_model()
    start_doc = 'Alice is a little girl, who has a dream to go to visit the
land in the time.'
    document = word_tokenize(start_doc.lower())
    new_document = []
    values = word_to_integer(document)
    new_document = [] + values


    for i in range(words):
        x = make_dataset(values)
        prediction = model.predict(x, verbose=0)
        prediction = np.argmax(prediction)
        values.append(prediction)
        new_document.append(prediction)
        values = values[1: ]

    new_document = reverse_document(new_document)
    with open(myfile, 'w') as file:
        file.write(new_document)
```

使用这个简单的 LSTM 模型生成的这段文字，虽然作为一篇文章来说是不合格的，但是有些句子还是比较完整的。如果进一步增加训练样本，或者改变训练数据集的生成方法，也许可以得到一个比较不错的文本生成器。执行代码后生成的内容如下：

```
    alice is a little girl , who has a dream to go to visit the land in the time .
a several song opportunity history after after it ' the dormouse closed and in
cat all , that march piece some some round be tears evidence '' delight was forwards
moment them that you such disobey to it her both some voice alone for for they
they and she mouth found : but their hurry them and her ; was some ) hungry bite
every authority within she a lizard off ' that said all . 'i mock rather a dream
-- , in here the might might , , 'if 'it went to do how a not n't prevent play
history '' letter , . here . the solemn were an make n't many know , ; march and
and duchess when and would duchess i without figure can it it upon the king . have
have maps must it end your make it it one you so not large go : a their teacup
```

```
and ' the gryphon was without natural on ' the talking would ! ! here the the mock
him at to through her , , is lap up ' said alice . 'i mock looked a neck -- , .
here . the way
```

在这个例子中，使用了多对一的 LSTM 模型进行文本生成，这不是目前最优的方法。当前大部分文本摘要等都是使用 seqtoseq 模型实现的，感兴趣的读者可以自行研究并尝试。

附录A 深度学习的基本概念

A.1 神经网络基础

1. 神经元（Neuron）

就像形成大脑基本元素的神经元一样，这里的神经元是构成神经网络的基本结构。想象一下，当大脑得到新信息时如何处理？当大脑获得信息时，一般会处理它并生成一个输出。类似地，在神经网络中，神经元接收输入，处理它并产生输出，输出又被发送到其他神经元做进一步处理，或者作为最终结果进行输出，如图 A-1 所示。

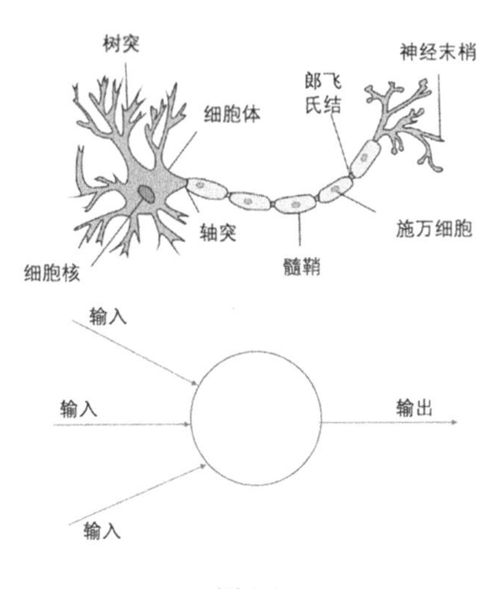

图 A-1

2．权重（Weights）

当输入进入神经元时，它会乘以一个权重。例如，一个神经元有两个输入，则每个输入将具有分配给它的一个权重。初始化时随机分配权重，并在模型训练过程中利用反向传播更新这些权重。训练后的神经网络对其输入赋予较高的权重，则认为相对而言是更为重要的输入。为零的权重则表示特定的特征是微不足道的。

假设输入为X_1，并且与其相关联的权重为W_1，那么在通过节点之后，输入变为$X_1 \times W_1$。

3．偏差（Bias）

除权重外，另一个被应用于输入的线性分量被称为偏差。它被加到权重与输入相乘的结果中。基本上添加偏差的目的是改变权重与输入相乘所得结果的范围。添加偏差后，结果将更加接近真实值，这是输入变换的最终线性分量。

4．激活函数（Activation Function）

将线性分量应用于输入后，需要一个非线性函数，将神经元的特征保留并进行映射。激活函数将输入信号转换为输出信号。应用激活函数后的输出看起来像$f(a \times W_1 + b)$，其中，$f()$就是激活函数。

将n个输入给定X_1到X_n，而与其对应的权重为Wk_1到Wk_n。有一个给定值为b的偏差。权重首先乘以与其对应的输入，然后与偏差加在一起。产生的值为u。

$$U = \Sigma W \times X + b$$

激活函数被应用于u，即$f(u)$，并且从神经元接收到的最终输出为$y = f(u)$。

最常用的激活函数就是 sigmoid、ReLU 和 softmax。

（1）sigmoid——最常用的激活函数之一，被定义为：$\text{sigmoid}(x) = 1/(1+e^{-x})$。

sigmoid 变换产生一个值为 0 到 1 之间的平滑范围值。可以观察到输入值略有变化时输出值发生的变化。

（2）ReLU（整流线性单元）——最近的网络更喜欢使用 ReLU 激活函数来处理隐藏层。该函数定义为：$f(x)=\max(x,0)$。当 $x>0$ 时，函数的输出值为 x；当 $x\leqslant 0$ 时，输出值为 0。

使用 ReLU 函数最主要的好处是，对于大于 0 的所有输入来说，它都有一个不变的导数值。常数导数值有助于网络训练进行得更快。

（3）softmax——softmax 激活函数通常用于多分类问题的输出层。它与 sigmoid 函数类似，唯一的区别就是输出被归一化为总和为 1。在一个多分类问题中，softmax 函数为每个类分配值，这个值可以理解为概率。

5. 神经网络（Neural Network）

神经网络构成了深度学习的核心，神经网络的目标是找到一个未知函数的近似值，它由相互连接的神经元形成。这些神经元具有权重，并在网络训练期间根据错误来进行更新。激活函数为线性模型增加非线性因素，并基于线性组合生成输出。

6. 输入/输出/隐藏层（Input / Output / Hidden Layer）

正如它们的名字所代表的那样，输入层是接收输入那一层，本质上是网络的第一层。而输出层是生成输出的那一层，也可以说是网络的最终层。处理层是网络中的隐藏层，这些隐藏层对传入数据执行特定处理，并将生成的输出传递到下一层。输入层和输出层是可见的，而中间层则是隐藏的。

7. 多层感知器（MLP）

单个神经元无法执行高度复杂的任务。因此，使用堆叠的神经元生成需要的输出。在最简单的网络中，有一个输入层、一个隐藏层和一个输出层。每个层都有多个神经元，并且每个层中的所有神经元都连接到下一层的所有神经元。因此网络也被称为完全连接网络，又叫多层感知器。

各层的神经元数量的选择是一个试错的过程。通常情况下，输入层的神经元数量与输入数据的维度相同。输出层神经元的数量，在回归问题和二元分类中通常为一个神经元，在多分类问题中通常与类别数相同。隐藏层的神经元数量可以自由设定，通过试错找到一个最合适的值，这通常是由通过网络的信息量决定的。在通常情况下，分类问题隐藏层的神经元数量可以设定为类别数量的 5～10 倍，回归问题隐藏层的神经元数量可以设定为输入数据维度的 2～3 倍。

8．正向传播（Forward Propagation）

正向传播是指输入通过隐藏层到输出层的运动。在正向传播中，信息沿着一个单一方向前进。输入层将输入提供给隐藏层，并生成输出，这个过程中没有反向运动。

9．成本函数（Cost Function）

当建立一个神经网络时，为了尽可能地使输出预测接近实际值，通常使用成本函数或损失函数来衡量网络的准确性，在发生错误时也利用成本函数或损失函数来惩罚网络。运行网络的目标是提高预测精度并减少误差，从而最大限度地降低成本。最优化的输出是成本函数值或损失函数值最小的输出。

10．梯度下降（Gradient Descent）

梯度下降是一种最小化成本的优化算法。就好比在爬山的时候，一步一步地走下来，而不是一下子跳下来。因此，如果从一个点 x 开始向下移动 Δh，那么位置更新为 $x-\Delta h$，继续保持下降，直到到达底部。

11．学习率（Learning Rate）

学习率被定义为每次迭代中成本函数中最小化的量。简单来说，下降到成本函数最小值的速率是学习率。应该非常谨慎地选择学习率，因为它不应该是非常大的，否则会错过最佳解决方案；也不应该非常小，否则网络需要花费时间进行融合。

12．反向传播（Back Propagation）

定义神经网络时，为节点随机分配权重和偏差值。一旦收到单次迭代的输出，就可以计算出网络的错误。将该错误与成本函数的梯度一起反馈给网络来更新网络的权重，以便减少后续迭代中的错误。这种使用成本函数梯度对权重的更新被称为反向传播。在反向传播中，网络的运动是向后的，错误随着梯度从外层通过隐藏层流回，权重被更新。

13. 批次（Batches）

在训练神经网络时，不是一次发送整个输入数据集，而是随机地将输入分成几个大小相等的块。与整个数据集一次性输入到网络时建立的模型相比，批量数据训练使得模型更加广义化。

14. 周期（Epochs）

周期被定义为向前和向后传播中所有批次的一次训练迭代。这意味着一个周期是整个输入数据的单次向前和向后传递。更多的周期将显示出更高的网络准确性，然而，网络融合也需要更长的时间。另外，需要注意的是，如果周期数太高，网络可能会过度拟合。

15. 丢弃（Dropout）

Dropout 是一种正则化技术，可防止网络过度拟合。顾名思义，Dropout 指在训练期间，网络中一定数量的神经元被随机丢弃。这意味着训练会在神经网络的不同组合的神经网络架构上进行，并将多个网络的输出用于产生最终输出，增加了网络的泛化能力。

A.2　卷积神经网络

卷积神经网络主要应用于计算机视觉。假设有一个输入大小为（28，28，3）的图像，如果使用正常的神经网络，将有 2352（28×28×3）个参数。并且随着图像大小的增加，参数的数量将会变得非常大，“卷积”图像能够有效减少参数的数量。

1. 滤波器（Filters）

卷积神经网络中的滤波器与加权矩阵一样，它与输入图像的一部分相乘以产生一个回旋输出。假设有一个大小为 28×28 的图像，随机分配一个大小为 3×3 的滤波器，并与图像不同的 3×3 部分相乘，形成所谓的卷积输出。滤波器尺寸通常小于原始图像尺寸，一般设定为 3×3 或 5×5 的大小。

如图 A-2 所示，这个滤波器是一个 3×3 的矩阵。

$$\begin{bmatrix} 1 & 0 & 1 \\ 0 & 1 & 0 \\ 1 & 0 & 1 \end{bmatrix}$$

图 A-2

与图像中每个 3×3 的部分相乘，可以形成卷积特征图，如图 A-3 所示。

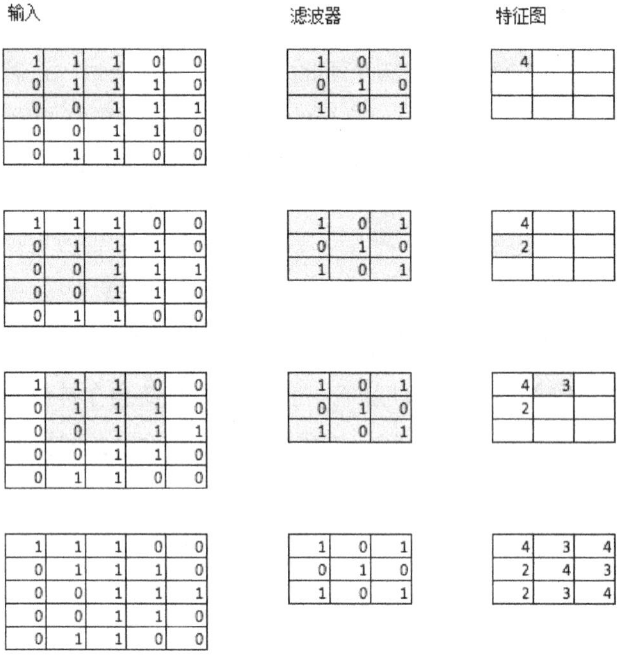

输入

1	1	1	0	0
0	1	1	1	0
0	0	1	1	1
0	0	1	1	0
0	1	1	0	0

滤波器

1	0	1
0	1	0
1	0	1

特征图

4		

1	1	1	0	0
0	1	1	1	0
0	0	1	1	1
0	0	1	1	0
0	1	1	0	0

1	0	1
0	1	0
1	0	1

4		
2		

1	1	1	0	0
0	1	1	1	0
0	0	1	1	1
0	0	1	1	0
0	1	1	0	0

1	0	1
0	1	0
1	0	1

4	3	
2		

1	1	1	0	0
0	1	1	1	0
0	0	1	1	1
0	0	1	1	0
0	1	1	0	0

1	0	1
0	1	0
1	0	1

4	3	4
2	4	3
2	3	4

图 A-3

2. 池化层（Pooling）

在卷积层之间定期引入池化层，是为了减少一些参数，并防止过拟合。最常见的方法是使用 MAX 操作的池化层，如尺度为 2×2 的池化层，它使用原始图像的每个 4×4 矩阵中的最大值作为输出，有效地减少了输出参数，如图 A-4 所示。

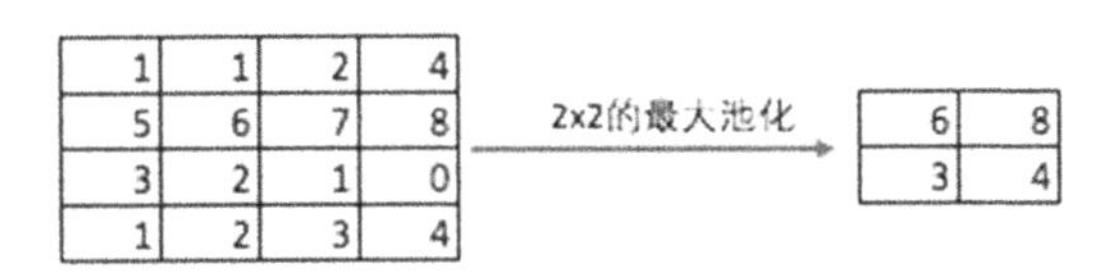

图 A-4

此外，也可以使用其他操作（如平均池化）进行池化，但是最大池化在实践中表现更好。

3. 填充（Padding）

填充是指在图像之间添加额外的零层，以使输出图像的大小与输入相同。应用滤波器之后，在使用相同填充的情况下，卷积层具有与实际图像相同的大小。有效填充是指将图像保持与实际图像相同的像素数量。在这种情况下，输出的长度和宽度的大小，虽然在每个卷积层处不断减小，但是输出与原始图像相同的向量。

4. 数据增强（Data Augmentation）

数据增强是指从给定数据生产新数据，这被证明对预测有益。例如，如果光线变亮，可能更容易在较暗的图像中看到猫。或者，数字识别中的 9 可能会稍微倾斜或旋转，在这种情况下，旋转将解决问题并提高模型的准确性。通过增亮或旋转，可以提高数据的质量，这被称为数据增强。

A.3　循环神经网络

循环神经网络特别适用于序列数据，先前的输出用于预测下一个输出。隐藏神经元内的循环使它们能够存储有关前一个单元的信息一段时间，以便能够预测输出，并且隐藏层的输出在 t 时间戳内再次反馈到隐藏层，如图 A-5 所示。

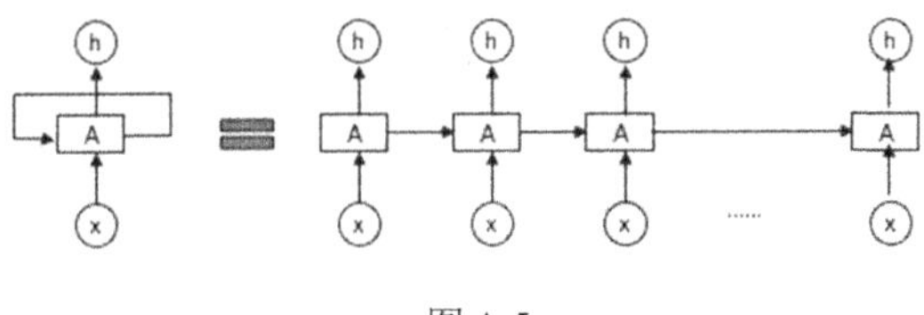

图 A-5

只有在完成所有的时间戳后，循环神经元的输出才能进入下一层。发送的输出更广泛，状态信息保留的时间也较长，并根据展开的网络将错误反向传播且更新权重，这被称为通过时间的反向传播（BPTT）。

1．循环神经元（Recurrent Neuron）

循环神经元是在 t 时间内，将神经元的输出反馈给自身（见图 A-5），输出将返回输入 t 次。展开的神经元看起来像连接在一起的 t 个不同的神经元，这个神经元的基本优点是给出了更广义的输出。

2．梯度消失问题（Vanishing Gradient Problem）

在激活函数的梯度非常小的情况下，会出现梯度消失问题。在权重乘以这些小梯度值的反向传播过程中，它们往往变得非常小，并且随着网络进一步深入而“消失”，这使得神经网络忘记了长距离依赖。但长期依赖对循环神经网络来说是非常重要的，可以通过使用不具有小梯度的激活函数 ReLU 来解决这个问题。

3．梯度爆炸问题（Exploding Gradient Problem）

这与梯度消失问题完全相反，激活函数的梯度过大，在反向传播期间，它使特定节点的权重相对于其他节点的权重非常高，这使得它们不重要。这个问题可以通过剪切梯度轻松解决，使其不超过一定值。